中国气候变化蓝皮书（2022）

Blue Book on Climate Change in China (2022)

中国气象局气候变化中心　编著

科学出版社

北　京

内 容 简 介

为更好地理解气候变化的科学事实，全面反映中国在气候变化监测检测与驱动力等方面的新成果、新进展，中国气象局气候变化中心组织 60 余位专家编写了《中国气候变化蓝皮书（2022）》。全书内容分为 5 章，分别从大气圈、水圈、冰冻圈、生物圈、气候变化驱动因子等方面提供中国、亚洲和全球气候变化状态的最新监测事实，可为各级政府制定气候变化相关政策提供科技支撑，并为满足国内外科研与技术交流需要，更好地开展气候变化科普宣传、适应与减缓气候变化行动提供基础科技信息服务。

本书可供各级决策部门，以及气候、环境、农业、林业、水资源、能源、经济和外交等领域的科研与教学人员参考使用，也可供对气候和生态环境变化感兴趣的读者参考。

审图号：GS 京（2022）0344 号

图书在版编目（CIP）数据

中国气候变化蓝皮书. 2022 / 中国气象局气候变化中心编著. —北京：科学出版社，2022.8
　ISBN 978-7-03-072789-3

Ⅰ．①中…　Ⅱ．①中…　Ⅲ．①气候变化－研究报告－中国－2022
Ⅳ．① P467

中国版本图书馆 CIP 数据核字（2022）第 134214 号

责任编辑：杨逢渤　李嘉佳 / 责任校对：樊雅琼
责任印制：肖　兴 / 封面设计：无极书装

科 学 出 版 社 出版
北京东黄城根北街16号
邮政编码：100717
http://www.sciencep.com

北京九天鸿程印刷有限责任公司 印刷
科学出版社发行　各地新华书店经销
*
2022年8月第 一 版　开本：787×1092　1/16
2022年8月第一次印刷　印张：7 1/2
字数：180 000

定价：128.00元
（如有印装质量问题，我社负责调换）

《中国气候变化蓝皮书（2022）》
编写委员会

顾　　问　秦大河　丁一汇

主　　编　巢清尘

副 主 编　袁佳双　　王朋岭

编写专家　（以姓氏笔画为序）

马丽娟	王　波	王　慧	王　冀	王长科
王东阡	王艳姣	王遵娅	车慧正	艾婉秀
石　英	申彦波	成里京	朱　琳	朱晓金
任玉玉	刘　敏	刘洪滨	刘彩红	闫宇平
许红梅	孙兰东	杜　军	李子祥	李忠勤
李婷婷	杨明珠	吴通华	何　健	何晓波
张　勇	张晔萍	张培群	张颖娴	陈燕丽
邵佳丽	竺夏英	周　兵	周芳成	郑　宇
郑向东	荆俊山	柳艳菊	段春锋	秦　翔
袁　媛	贾小芳	贾明明	郭兆迪	郭建广
郭艳君	黄　晖	黄　磊	曹丽娟	龚　强
康世昌	梁　苗	蒋友严	靳军莉	蔡雯悦
廖要明	翟建青	戴君虎		

序

近百年来，受人类活动和自然因素的共同影响，世界正经历着以全球变暖为显著特征的气候变化，全球气候变暖已深刻影响人类的生存和发展。国际社会已日益意识到气候变暖对人类当代及未来生存空间的严重威胁和挑战，以及共同采取应对措施减少和防范气候风险的重要性和紧迫性。党的十八大以来，在以习近平同志为核心的党中央坚强领导下，我国积极应对气候变化，全力推动绿色低碳发展，成为全球生态文明建设的重要参与者、贡献者、引领者。2020年9月，党中央经过深思熟虑作出了2030年前实现碳达峰、2060年前实现碳中和的重大战略决策，这既是我国实现可持续发展、高质量发展的内在要求，也是推动构建人类命运共同体的必然选择，充分展现了我国积极应对全球气候变化、推动全球可持续发展的责任担当。

2021年，全球地表平均温度较工业化前水平（1850～1900年平均值）高出1.11℃，最近20年（2002～2021年），全球平均温度较工业化前水平高出1.01℃；2021年全球平均大气二氧化碳浓度和海平面高度等四项气候变化核心指标均创下新纪录；全球气候风险日益加剧。气候系统变暖趋势仍在持续，高温热浪、极端降水、强风暴、区域性气象干旱等高影响和极端天气气候事件频发，气候变化危及人类福祉和地球健康，适应行动亟须加强。

中国是全球气候变化的敏感区和影响显著区之一。20世纪中叶以来，中国区域升温率高于同期全球平均水平。2021年，我国平均气温为1901年以来的最高值，高温、暴雨洪涝、强对流、干旱等极端天气气候事件多发重发；华北地区平均降水量为1961年以来最多，台风"烟花"陆上滞留时间破纪录；全国综合气候风险指数为1961年以来的第二高值。气候变化对中国粮食安全、人体健康、水资源、生态环境、能源、重大工程、社会经济发展等诸多领域构成严峻挑战，气候风险水平趋高。科学把握气候变化规律，有效降低气候风险，合理开发利用气候资源，是科学应对气候变化的基础。多年来，中国气象局认真履行政府职能，不断加强气候变化监测、科学研究、预测预估、影响评估、决策服务和能力建设，切实发挥在国家应对气候变化中的科技支撑作用。

为满足低碳发展和绿色发展的时代需求，科学推进应对气候变化、防灾减灾和生态文明建设，中国气象局气候变化中心组织编制了《中国气候变化蓝皮书（2022）》，提供中国、亚洲和全球气候变化的最新监测信息。蓝皮书内容翔实，科学客观地反映了气候变化的新事实、新趋势。未来，中国气象局将全面贯彻新发展理念，按照精密监测、精准预测、精细服务、人民满意的总体要求，以国家积极应对气候变化、着力实现经济社会高质量发展等重大需求为引领，加强气候变化基础科学研究和关键核心技术攻关，强化气候资源合理开发利用，健全气候变化监测发布制度，为国家和区域应对气候变化提供权威的科学数据、高质量的产品服务。我们将全面提升应对气候变化科技支撑水平和服务国家战略决策的能力，以期与社会各界同仁一道协力配合，为实现"双碳"目标和全球气候治理作出应有的积极贡献。

蓝皮书的编制过程中，自然资源部、水利部、中国科学院等部门给予了大力支持和帮助，提供了大量的观测资料和基础数据。在此一并表示感谢！同时也对付出辛勤劳动的科技工作者表示衷心的感谢！

中国气象局党组书记、局长

2022 年 6 月

目　　录

摘　要

气候系统的综合观测和多项关键指标表明，全球变暖趋势仍在持续。2021 年，全球平均温度较工业化前水平高出 1.11℃，是有完整气象观测记录以来的七个最暖年份之一；最近 20 年（2002～2021 年），全球平均温度较工业化前水平高出 1.01℃。2021 年，亚洲陆地表面平均气温比常年值（本报告使用 1981～2010 年气候基准期）偏高 0.81℃，是 1901 年以来的第七高值。2021 年，东亚夏季风强度偏强、冬季风强度偏弱，南亚夏季风强度偏弱，夏季西北太平洋副热带高压面积偏大、强度异常偏强、西伸脊点位置偏西。

1901～2021 年，中国地表年平均气温呈显著上升趋势，平均每 10 年升高 0.16℃；近 20 年是 20 世纪初以来的最暖时期。2021 年，中国地表平均气温较常年值偏高 0.97℃，为 20 世纪初以来的最高值；1901 年以来的 10 个最暖年份中，有 9 个均出现在 21 世纪。1961～2021 年，中国各区域年平均气温呈一致性的上升趋势，且升温速率区域差异明显，北方地区升温速率明显大于南方地区；青藏地区升温速率最大，平均每 10 年升高 0.37℃；华南和西南地区升温速率相对较缓，平均每 10 年分别升高 0.18℃ 和 0.17℃。1961～2021 年，中国上空对流层气温呈显著上升趋势，而平流层下层（100 hPa）气温表现为下降趋势；2021 年，中国上空对流层低层（850 hPa）和上层（300 hPa）平均气温均为 1961 年以来的最高值，而平流层下层平均气温为 1961 年以来的最低值。

1961～2021 年，中国平均年降水量呈增加趋势，平均每 10 年增加 5.5 mm，且年代际变化特征明显；20 世纪 90 年代中国平均年降水量以偏多为主，21 世纪最初十年总体偏少，2012 年以来持续偏多。1961～2021 年，中国各区域平均年降水量变化趋势差异明显，青藏地区平均年降水量呈显著增多趋势，西南地区平均年降水量总体呈减少趋势；21 世纪初以来，华北、东北和西北地区平均年降水量波动上升，华中地区平均降水量年际波动幅度增大。2021 年，中国平均降水量为 672.1 mm，较常年值偏多 6.7%；其中华北地区平均降水量为 1961 年以来最多，而华南地区平均降水量为近十年最少。

1961～2021 年，中国平均相对湿度阶段性变化特征明显，20 世纪 60 年代中期至

80 年代后期相对湿度偏低，1989～2003 年以偏高为主，2004～2014 年总体偏低，2015 年以来转为偏高。1961～2021 年，中国平均风速和日照时数均呈下降趋势；2015 年以来平均风速出现小幅回升。1961～2021 年，中国平均≥10℃的年活动积温呈显著增加趋势，平均每 10 年增加 62.5 ℃·d；黄淮东南部、江淮大部、江汉中东部、江南大部、华南地区东南部、西南地区南部及内蒙古中西部增加速率超过 80 ℃·d/10a；2021 年≥10℃活动积温较常年值偏多 310.8 ℃·d，为 1961 年以来的最高值。

1961～2021 年，中国极端低温事件显著减少，极端高温事件自 20 世纪 90 年代后期以来明显增多，2021 年中国平均暖昼日数为 1961 年以来最多；极端强降水事件呈增多趋势。1949～2021 年，西北太平洋和南海台风生成个数呈减少趋势；20 世纪 90 年代后期以来登陆中国台风的平均强度波动增强；2021 年，西北太平洋和南海台风生成个数为 22 个，其中 6 个登陆中国；登陆中国台风平均强度较常年值偏弱，但 7 月下旬台风"烟花"陆上滞留时间长、影响范围广。1961～2021 年，北方地区平均沙尘日数呈显著减少趋势，近年来达最低值并略有回升。1961～2021 年，中国气候风险指数呈升高趋势，20 世纪 90 年代中期以来气候风险指数明显偏高；2021 年，中国气候风险指数为 1961 年以来第二高值。

1870～2021 年，全球平均海表温度表现为显著升高趋势，并伴随年代际波动，2000 年以来全球平均海表温度较常年值持续偏高。2021 年，全球平均海表温度为 1870 年以来的第七高值。1951～2021 年，赤道中东太平洋共发生了 21 次厄尔尼诺和 16 次拉尼娜事件；2020 年 8 月开始的中等强度的拉尼娜事件于 2021 年 3 月结束，随后赤道中东太平洋海温转为中性状态，并于 2021 年 9 月再度进入拉尼娜状态。

1958～2021 年，全球海洋（上层 2000 m）热含量呈显著增加趋势，且海洋变暖在 20 世纪 80 年代后期以来显著加速。2021 年，全球海洋热含量再创新高，较常年值偏高 2.35×10^{23} J；地中海、大西洋、南大洋、印度洋、北太平洋海区热含量均创历史新高。1960～2021 年，全球海洋（上层 2000 m）的盐度差指数呈显著增加趋势；2021 年，全球海洋盐度差指数为 1960 年以来的第二高值。

气候变暖背景下，全球平均海平面呈持续上升趋势，1993～2021 年的上升速率为 3.3 mm/a；2021 年，全球平均海平面达到有卫星观测记录以来的最高位。1980～2021 年，中国沿海海平面变化总体呈波动上升趋势，上升速率为 3.4 mm/a；2021 年，中国沿海海平面较 1993～2011 年平均值高 84 mm，为 1980 年以来最高；渤海、黄海、东海和南海沿海海平面分别高 118 mm、88 mm、80 mm 和 50 mm。

1961～2021 年，中国地表水资源量年际变化明显，20 世纪 90 年代以偏多为主，2003～2013 年总体偏少，2015 年以来地表水资源量转为以偏多为主。2021 年，中国地表水资源量接近常年略偏多；海河、黄河、辽河和淮河流域明显偏多，较常年值依次偏多74.2%、38.7%、33.5%和31.6%，其中海河流域地表水资源量为1961年以来最多；珠江和西南诸河流域分别偏少15.7%和13.9%。1961～2004年，青海湖水位呈显著下降趋势；2005年以来，青海湖水位连续17年回升；2021年，青海湖水位达到3196.51 m，已超过20世纪60年代初期的水位。

　　1960～2021年，全球冰川整体处于消融退缩状态，1985年以来冰川消融加速。2021年，全球参照冰川总体处于物质高亏损状态，平均物质平衡为–771 mm w.e.。中国天山乌鲁木齐河源1号冰川、阿尔泰山区木斯岛冰川、祁连山区老虎沟12号冰川和长江源区小冬克玛底冰川均呈加速消融趋势，2021年冰川物质平衡分别为–803 mm w.e.、–374 mm w.e.、–571 mm w.e.和–240 mm w.e.，其中老虎沟12号冰川为有连续物质平衡观测记录以来的最低值。2021年，乌鲁木齐河源1号冰川东、西支末端分别退缩了6.5 m和8.5 m，木斯岛冰川末端退缩9.4 m，老虎沟12号冰川末端退缩13.8 m，大冬克玛底冰川末端退缩11.9 m，小冬克玛底冰川末端位置无明显变化，其中乌鲁木齐河源1号冰川西支和大冬克玛底冰川末端退缩距离均为有观测记录以来的最大值。

　　1981～2021年，青藏公路沿线多年冻土区活动层厚度呈显著的增加趋势，平均每10年增厚19.6 cm；2004～2021年，活动层底部温度呈显著的上升趋势，多年冻土退化明显；2021年，平均活动层厚度为250 cm，是有观测记录以来的最高值。2002～2021年，中国主要积雪区平均积雪覆盖率年际振荡明显；东北–内蒙古积雪区和西北积雪区平均积雪覆盖率均呈弱的下降趋势；青藏高原积雪区平均积雪覆盖率略有增加。

　　1979～2021年，北极海冰范围呈显著减小趋势，3月和9月海冰范围平均每10年分别减少2.6%和12.7%；2021年，3月和9月北极海冰范围较常年值分别偏小5.1%和23.2%。1979～2021年，南极海冰范围无显著的线性变化趋势；1979～2015年，南极海冰范围波动上升；但2016年以来海冰范围总体以偏小为主。2021年，9月南极海冰范围较常年值略偏小；2月南极海冰范围较常年值偏小7.8%。2020/2021年冬季，渤海全海域最大海冰面积较1991～2020年平均值偏小8.3%。

　　1961～2021年，中国年平均地表温度呈显著上升趋势，升温速率为0.34℃/10年；2021年，中国平均地表温度较常年值偏高1.11℃，为1961年以来的最高值。1993～2021年，中国不同深度（10 cm、20 cm和50 cm）年平均土壤相对湿度总体均呈增加趋势；2021年，10 cm、20 cm和50 cm深度平均土壤相对湿度分别为71%、75%和78%。

　　2000～2021年，中国年平均归一化植被指数（Normalized Difference Vegetation

Index，NDVI）呈显著上升趋势，全国整体的植被覆盖稳定增加，呈现变绿趋势；2021年，中国平均NDVI为0.384，较2001～2020年平均值上升7.9%，为2000年以来的最高值。1963～2021年，中国不同地区代表性植物春季物候期均呈显著提前趋势，北京站的玉兰、沈阳站的刺槐、合肥站的垂柳、桂林站的枫香树和西安站的色木槭展叶期始期平均每10年分别提前3.5天、1.5天、2.5天、3.0天和2.8天；秋季物候期年际波动较大。2007～2021年，寿县国家气候观象台农田生态系统表现为二氧化碳（CO_2）净吸收；2021年，受6月和11～12月降水偏少影响，二氧化碳通量为–1.92 kg/（$m^2 \cdot a$），净吸收较2011～2020年平均值偏少0.64 kg/（$m^2 \cdot a$）。2005～2021年，石羊河流域荒漠面积呈减小趋势；2000～2021年，广西石漠化区秋季植被指数呈显著增加趋势，区域生态状况稳步向好。

过去30年，中国南海的活造礁石珊瑚覆盖率下降了80%；2021年夏季，南海海域的海表温度与2020年同期相比明显降低，未发生明显的珊瑚热白化事件。1973～2020年，中国沿海红树林面积总体呈先减少后增加的趋势，2020年中国红树林面积基本恢复至1980年水平。

2021年，太阳活动进入1755年以来的第25个活动周的上升阶段，太阳黑子相对数年平均值为29.7±29.7，太阳活动水平略高于第24个活动周同期（2010年太阳黑子相对数24.9±16.1）。1961～2021年，中国陆地表面平均接收到的年总辐射量趋于减少；2021年，中国平均年总辐射量为1493.4（kW·h）/m^2，较常年值偏少31.5（kW·h）/m^2；东北大部、华北中北部、江汉大部、青藏高原东北部和西北地区东南部年总辐射量偏低超过5%，福建南部、广东大部、广西东部、云南西北部、四川西南部和东北部局部偏高5%以上。

2004～2021年，中国气溶胶光学厚度（AOD）总体呈下降趋势，且阶段性变化特征明显。2004～2014年，北京上甸子、浙江临安和黑龙江龙凤山区域大气本底站气溶胶光学厚度年平均值波动增加；2014～2021年，均呈波动降低趋势。2021年，北京上甸子站和浙江临安站气溶胶光学厚度平均值较2020年均有小幅降低，黑龙江龙凤山站较2020年略有升高。

Summary

Global warming is further continuing, as is seen from the integrated observations and multiple key indicators of the climate system. In 2021, the global mean temperature was approximately 1.11℃ above the 1850-1900 pre-industrial average, making this year one of the seven warmest since complete meteorological observation records began. In the last 20 years (2002-2021), the global mean temperature was 1.01℃ above the 1850-1900 average. The annual mean land surface air temperature was 0.81℃ higher than normal (with 1981-2010 taken as a reference period here) in Asia in 2021, the seventh highest since 1901. In 2021, the East Asian summer monsoon was stronger and the winter monsoon was weaker in intensity, while the South Asian summer monsoon was weaker, with the western North Pacific subtropical high being large in extent, abnormally strong in intensity, and the western end of the ridge being westward in position.

During 1901-2021, China witnessed a significantly increased mean annual surface air temperature at a rate of 0.16℃ per decade, with the past two decades being the warmest period since the beginning of the 20th century. In 2021, the mean surface temperature in China was 0.97℃ higher than normal, the highest since the beginning of the 20th century. Of the ten warmest years since 1901, nine are in the 21st century. During 1961-2021, the regional mean annual surface air temperature in China, which was consistently on the rise, differed remarkably by region. The northern China was warming apparently faster than the southern, while the western faster than the eastern, with the fastest warming found in the Qinghai-Xizang region by a rate of 0.37℃ per decade. The South China and the Southwest China were relatively slow in warming an average rate of 0.18℃ and 0.17℃ per decade respectively. During 1961-2021, the air temperature over China looked significantly upward in the troposphere while downward in the lower stratosphere (100 hPa). In 2021, the mean temperature in the lower (850 hPa) and upper troposphere (300 hPa) over China was the highest since 1961, while that in the lower stratosphere the lowest since 1961.

During 1961-2021, the annual precipitation over China tended to increase at a rate of 5.5 mm per decade that was significantly characterized with an inter-decadal variation. In the 1990s, China had above-normal precipitation, while in the first decade of 21st century, generally below-normal, and above-normal again since 2012. During 1961-2021, the mean annual precipitation differed significantly by region in China in terms of trend, with that in the Qinghai-Xizang region suggesting a significant increase and that in the Southwest China a decrease as a whole. Since the beginning of the 21st century, the mean annual precipitation has increased in fluctuation in the North China, Northwest China and Northeast China, with a more dramatic interannual fluctuation in precipitation found in the Central China. In 2021, the mean annual precipitation in China was 672.1 mm, 6.7% above normal, with the mean precipitation in the North China being the highest since 1961, while that in the South China was the lowest in recent ten years.

During 1961-2021, China registered an average relative humidity significantly characterized with an episodic fluctuation. During the mid-1960s to late 1980s, the relative humidity was low, while mainly high during 1989-2003, generally low during 2004-2014, and high again since 2015. During 1961-2021, China reported a decrease in average wind speed and sunshine duration, with the former slightly increasing since 2015. During the same period, China registered a significant increase in $\geqslant 10℃$ active accumulated temperature at a rate of 62.5℃ • d per decade, with that in the southeastern Huang-Huai, most of Jiang-Huai, the central and eastern Jiang-Han, most of Jiangnan, the southeastern South China, the southern Southwest China and the central and western Inner Mongolia exceeding 80℃ • d per decade; the active accumulated temperature $\geqslant 10℃$ in 2021 being 310.8℃ • d higher than normal, which was the highest since 1961.

During 1961-2021, extreme low temperature events decreased significantly in China, while extreme high temperature events increased significantly since the late 1990s. The average number of warm days in China in 2021 was the highest since 1961, with extreme heavy rainfall events increasing. During 1949-2021, the number of typhoons emerging in the western North Pacific and the South China Sea tended to decrease. However, the typhoons landing in China since the late 1990s experienced a fluctuating enhancement in mean intensity. In 2021, the Western North Pacific and the South China Sea gave birth to 22 typhoons, of which 6 made landfall in China with a weaker mean intensity than normal. But the typhoon In-Fa stayed on land for a long time and affected a wide range in late July. During 1961-2021, the northern China reported a significantly decreasing number of sand-dust days, reaching the lowest and picking up slightly in recent years. During 1961-2021, China's climate risk index looked upward, especially since the mid-1990s, with that in 2021 hitting the second highest since 1961.

During 1870-2021, the global mean sea surface temperature (SST) showed a significant increase, featuring inter-decadal fluctuations, with sustained high global mean SST since 2000. In 2021, the global mean SST was the seventh highest since 1870. During 1951-2021, the central and eastern equatorial Pacific experienced 21 El Niño and 16 La Niña events in total. The La Niña event of moderate intensity began in August 2020 and ended in March 2021 to see the SST in the equatorial central and eastern Pacific turning neutral and into the La Niña state again in September 2021.

During 1958-2021, the global ocean (upper 2000 m) heat content (OHC) showed a significant increase, with ocean warming accelerating significantly since the late 1980s. In 2021, global OHC set a new record, which is the highest in modern ocean observations, 2.35×10^{23} J higher than normal, with that in the Mediterranean, Atlantic, Southern Ocean, Indian Ocean and North Pacific all hitting record highs. During 1960-2021, the salinity difference index of the global ocean (upper 2000 m) showed a significant increase, with that in 2021 being the second highest since 1960.

In the context of climate warming, the global mean sea-level (GMSL) shows a continuous upward trend at a rising rate of 3.3 mm/a during 1993-2021, with the highest registered on satellite record in 2021. During 1980-2021, the sea level along China's coast experienced a fluctuating rise at 3.4 mm/a. In 2021, the sea level along China's coast was 84 mm higher than the average for the period of 1993-2011, the highest since 1980, with that in the Bohai Sea, the Yellow Sea, the East China Sea and the South China Sea being higher by 118 mm, 88 mm, 80 mm and 50 mm respectively.

During 1961-2021, China experienced an obvious inter-annual variation in surface water resources, which was mostly more than normal in the 1990s and generally less than normal from 2003 to 2013, and mostly more than normal again since 2015. In 2021, China registered an amount of close to and slightly more than normal in surface water resources, with the Haihe River, Yellow River, Liaohe River and Huaihe River basins being obviously more than normal by 74.2%, 38.7%, 33.5% and 31.6%, respectively, the Haihe River basin the largest since 1961, and the Pearl River and river basins in the Southwest being 15.7% and 13.9% less respectively. During 1961-2004, Qinghai Lake tended to significantly decrease in water level, which had risen for 17 consecutive years since 2005. In 2021, Qinghai Lake registered a water level of 3196.51 m, higher than that recorded in the early 1960s.

During 1960-2021, the global glaciers were as a whole melting and shrinking at a pace accelerating since 1985. In 2021, the global reference glaciers were overall suffering from high mass losses, with −771 mm w.e. of mean mass balance registered. The accelerated melting was seen in Glacier No.1 at the headwaters of Urumqi River in the Tianshan Mountains, Muz Taw Glacier in the Altai Mountains, Laohugou Glacier No.12 in the Qilian Mountains and Xiao Dongkemadi Glacier in the source region of the Yangtze River, with their mass balances in 2021 being −803 mm w.e., −374 mm w.e., −571 mm w.e. and −240 mm w.e. respectively, of which the Laohugou Glacier No.12 was the lowest since the continuous mass balance observation was recorded. In 2021, the retreat distances were 6.5 m and 8.5 m respectively at the fronts of the east and west branches of Glacier No.1; 9.4 m at the front of the Muz Taw Glacier; 13.8 m at the front of the Laohugou Glacier No.12; 11.9 m at the front of Da Dongkemadi Glacier; and no significant change at the front of Xiao Dongkemadi Glacier, with the west branch of Glacier No.1 and the Da Dongkemadi Glacier being the maximum since the observation was recorded.

During 1981-2021, the permafrost zone along the Qinghai-Xizang Highway experienced a significant increase in active layer thickness at a rate of 19.6 cm per decade. During 2004-2021, prominent warming was observed at the bottom of the active layer, with a significant permafrost degradation. In 2021, the mean active layer thickness of permafrost zone along the Qinghai-Xizang Highway was 250 cm, which was the highest on record. During 2002-2021, China registered an obvious interannual oscillation of the average snow cover fraction in its main snow covered areas, with the snow cover fractions in the Northeast China-Inner Mongolia and Northwest China showing a weak downward trend, and that in the Qinghai-Xizang Plateau increasing slightly.

The period of 1979-2021 witnessed a significantly reduced Arctic sea ice extent, with the March and September sea ice extents decreasing by 2.6% and 12.7% per decade respectively. In 2021, the March and September Arctic sea ice extents were 5.1% and 23.2% less than normal, respectively. During 1979-2021, the Antarctic sea ice extent showed no significant linear trend, while during 1979-2015, it saw a fluctuating expansion, generally remaining small since 2016. In 2021, the September Antarctic sea ice extent was slightly smaller than normal, while the February one was less than normal by 7.8%. In 2020/2021 winter, the maximum sea ice extent in the whole Bohai Sea was less than the average for the period of 1991-2020 by 8.3%.

During 1961-2021, China witnessed a significantly increased annual mean land surface temperature at a rate of 0.34℃ per decade. The 2021 mean land surface temperature in China was 1.11℃ higher than normal, the highest since 1961. During 1993-2021, China reported a general increase in the annual mean relative soil moisture at different depths (10 cm, 20 cm and 50 cm), which were 71%, 75% and 78% respectively in 2021.

During 2000-2021, China saw a significant increase in the normalized difference vegetation index (NDVI) and a steady increase in the overall vegetation coverage as a greening trend. In 2021, China's NDVI was 0.384, 7.9% higher than the average for 2001-2020, the highest since 2000. During 1963-2021, typical plants in different regions of China saw an earlier phenological period in spring, as evidenced by the earlier beginning of first leaf date of *Magnolia denudata* in Beijing Station, *Robinia pseudoacacia* in Shenyang Station, S*alix babylonica* in Hefei Station, *Liquidambar formosana* in Guilin Station and *Acer pictum* in Xi'an Station by 3.5 days, 1.5 days, 2.5 days, 3.0 days and 2.8 days per decade respectively, but a remarkably and inter-annually fluctuating one in autumn. During 2007-2021, the agro-ecosystem at Shouxian National Climatology Observatory featured net CO_2 uptake. In 2021, due to the less precipitation in June and November to December, the carbon dioxide flux was $-1.92kg/(m^2 \cdot a)$, with the net absorption being $0.64 \ kg/(m^2 \cdot a)$ less than the average during 2011-2020. During 2005-2021, the Shiyang River Basin witnessed a shrinking desert area. During 2000-2021, Guangxi experienced a significantly increased autumn vegetation coverage in the rockification area and improved regional ecological conditions.

Over the past 30 years, the coverage of living reef coral in the South China Sea has decreased by 80%. In the summer of 2021, the sea surface temperature in the South China Sea decreased significantly compared with the same period in 2020, and there was no obvious coral bleaching event. During 1973-2020, China registered an overall pattern of a decrease followed by an increase in coastal mangrove extent. In 2020, its mangrove covered an area of basically that of 1980 again.

In 2021, the solar activity entered the rising stage of its 25th cycle since 1755, with the relative annual average sunspots standing at 29.7 ± 29.7 and its level being slightly higher than that in the same period of the 24th active cycle (The relative number of sunspots in 2010 was 24.9 ± 16.1). During 1961-2021, the annual mean total solar radiation received at the land surface over China decreased. In 2021, it stood at 1493.4 (kW·h)/m^2, 31.5 (kW·h)/m^2 less than normal. The annual total solar radiation was over 5% less than normal in most of the Northeast China, the central and northern North China, most of Jiang-Han, northeastern Qinghai-Xizang Plateau and the southeastern Northwest China, while 5% or above higher than normal in southern Fujian, most of Guangdong, eastern Guangxi, northwestern Yunnan, southwestern and parts of northeastern Sichuan.

During 2004-2021, the aerosol optical depth (AOD) in China has generally been declining, feathering an episodic fluctuation. The regional atmospheric background stations of Shangdianzi in Beijing, Lin'an in Zhejiang and Longfengshan in Heilongjiang reported a fluctuating increase in annual mean AOD from 2004 to 2014, while a fluctuating decrease from 2014 to 2021. In 2021, the average AOD of Shangdianzi and Lin'an was slightly lower than that in 2020, while that of Longfengshan slightly higher than in 2020.

第1章 大 气 圈

大气圈既是气候系统中最重要的组成部分，也是气候系统中最不稳定、变化最快的圈层。大气圈不但受到水圈、生物圈、冰冻圈和岩石圈的直接作用与影响，而且与人类活动有最密切的关系，气候系统中其他圈层变化产生的影响都会反映在大气圈中。大气圈从地表到 12～16 km 的部分称为对流层，这是人类活动最集中，也是变化最剧烈的大气层。对流层以上到 50 km 左右是平流层，这里主要是臭氧层存在的地方。平流层之上是中间层和热层以及外层空间。大气圈主要通过大气成分及太阳活动和地球反照率变化驱动下的辐射收支变化来影响地球的气候。认识气候系统变化，首先需要借助定量的指标来监测大气圈的长期变化。温度、降水、湿度、风速等基本气候要素均值或累积量及极端天气气候事件指数是目前监测气候和气候变化的核心指标，已经在气候变化科学研究与业务服务中得到广泛应用。此外，表征大气环流变化（如季风、副热带高压、北极涛动等）的一些指数也是监测气候变化的重要指标。

1.1 全球和亚洲温度

1.1.1 全球地表平均温度

根据世界气象组织（World Meteorological Organization，WMO）发布的《2021 年全球气候状况》，2021 年全球地表平均温度较工业化前水平（1850～1900 年平均值）高出 1.11℃，是有完整气象观测记录以来的七个最暖年份之一（WMO，2022）。20 世纪 80 年代以来，每个十年都比前一个十年更暖；最近 20 年（2002～2021 年），全球地表平均温度较工业化前水平高出 1.01℃（图 1.1）。长序列气候观测资料和再分析数据集综合分析表明：全球变暖趋势在持续。

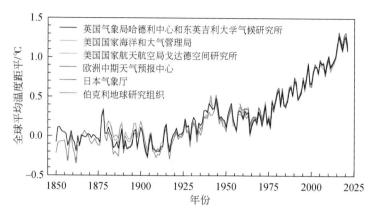

图 1.1　1850 ～ 2021 年全球平均温度距平（相对于 1850 ～ 1900 年平均值）

根据世界气象组织《2021 年全球气候状况》

Figure 1.1　Global annual mean temperature anomalies from 1850 to 2021 (relative to 1850–1900 average)

Modified from WMO *State of the Global Climate 2021*

1.1.2　亚洲陆地表面平均气温

1901 ～ 2021 年，亚洲陆地表面年平均气温总体呈明显上升趋势，20 世纪 60 年代末以来，升温趋势尤其显著（图 1.2）。1901 ～ 2021 年，亚洲陆地表面平均气温上升速率为 0.14℃ /10a。1971 ～ 2021 年，亚洲陆地表面平均气温呈显著上升趋势，速率为 0.34℃ /10a。2021 年，亚洲陆地表面平均气温比常年值偏高 0.81℃，是 1901 年以来的第七最暖年份。

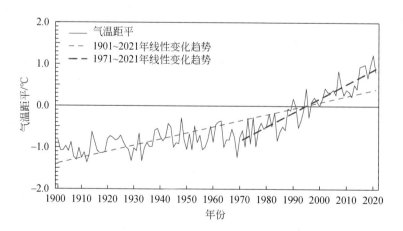

图 1.2　1901 ～ 2021 年亚洲陆地表面年平均气温距平

Figure 1.2　Annual mean land surface air temperature anomalies in Asia from 1901 to 2021

1.2　大　气　环　流

1.2.1　东亚季风

中国大部处于东亚季风区，天气气候受到东亚季风活动的影响。东亚冬季主要盛行偏北风气流，夏季则以偏南风气流为主（丁一汇，2013）。1961～2021年，东亚夏季风强度总体上呈现减弱趋势，并表现出"强—弱—强"的年代际波动特征[图1.3（a）]。20世纪60年代初期至70年代后期，东亚夏季风持续偏强；70年代末期到21世纪初，

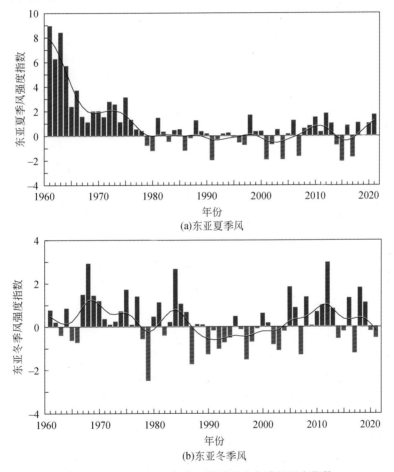

图 1.3　1961～2021年东亚夏季风和冬季风强度指数

粗黑线为低频滤波值曲线，即去除10年以下时间尺度变化的年代际波动，下同

Figure 1.3　Variation of (a) the East Asian summer monsoon and (b) winter monsoon indices from 1961 to 2021

Thick black lines represent the low-frequency filter curves obtained by removing the inter-annual temporal variations under 10 years, the same applied hereinafter

东亚夏季风在年代际时间尺度上总体呈现偏弱特征，之后开始增强。2021 年，东亚夏季风强度指数（施能等，1996）为 1.71，强度偏强。

1961 ～ 2021 年，东亚冬季风同样表现出显著的年代际变化特征［图 1.3（b）］。20 世纪 80 年代中期以前，东亚冬季风主要表现为偏强的特征；而 1987 ～ 2004 年东亚冬季风明显减弱；整体来看，2005 年至 21 世纪 10 年代呈波动性增强，但近两年总体偏弱。2021 年，东亚冬季风强度指数（朱艳峰，2008）为 –0.53，强度偏弱。

1.2.2　南亚季风

1961 ～ 2021 年，南亚夏季风强度总体表现出减弱趋势，且年代际变化特征明显（图 1.4）。20 世纪 60 ～ 80 年代中期，南亚夏季风主要表现为偏强特征；80 年代后期至 21 世纪最初十年南亚夏季风呈明显减弱趋势；2011 年以来，南亚夏季风开始转为增强趋势，但相对于平均态仍然处于偏弱阶段。2021 年，南亚夏季风强度指数（Webster and Yang，1992）为 –0.51，强度偏弱。

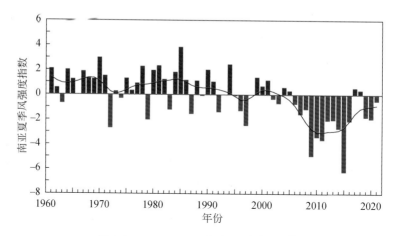

图 1.4　1961 ～ 2021 年南亚夏季风指数

Figure 1.4　Variation of the South Asian summer monsoon index from 1961 to 2021

1.2.3　西北太平洋副热带高压

西北太平洋副热带高压是东亚大气环流的重要成员之一，其活动具有显著的年际和年代际变化特征，直接影响中国天气和气候变化（龚道溢和何学兆，2002；刘芸芸等，2014）。1961 ～ 2021 年，夏季西北太平洋副热带高压总体上呈现面积增大、强度增强、西伸脊点位置西扩（指数为负值）的趋势（图 1.5）。20 世纪 60 年代至 70 年代末，西北太平洋副热带高压面积偏小、强度偏弱、西伸脊点位置偏东；20 世纪 80 年代至 21 世

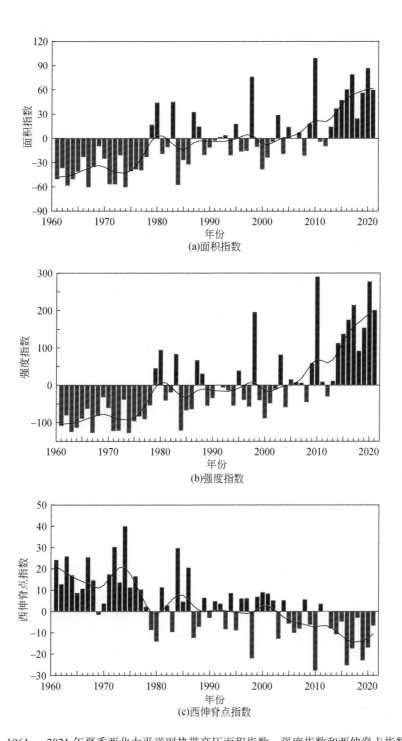

图 1.5　1961～2021 年夏季西北太平洋副热带高压面积指数、强度指数和西伸脊点指数距平

Figure 1.5　Western North Pacific subtropical high (a) area index, (b) intensity index and (c) western ridge point index anomalies in the summers of 1961 to 2021

纪初期，主要表现为年际波动；2005 年以来，西北太平洋副热带高压总体处于强度偏强、面积偏大和西伸脊点位置偏西的年代际背景下。2021 年，夏季西北太平洋副热带高压面积偏大、强度异常偏强、西伸脊点位置偏西，强度指数为 1961 年以来同期第 4 高值。

1.2.4　北极涛动

北极涛动（Arctic Oscillation，AO）是北半球中纬度和高纬度地区平均气压此消彼长的一种现象（Thompson and Wallace，1998），其对北半球中高纬度地区的天气和气候具有重要影响，尤以对冬季影响最为显著。1961 ~ 2021 年，冬季北极涛动指数年代际波动特征明显（图 1.6），20 世纪 60 年代初期至 80 年代后期，北极涛动指数总体处于负位相阶段，而 80 年代末至 90 年代中期，总体以正位相为主；90 年代后期至 2013 年，总体表现出负位相特征，且年际波动较大；2014 ~ 2020 年，转入以正位相为主阶段。2021 年，冬季北极涛动指数为 –1.50。

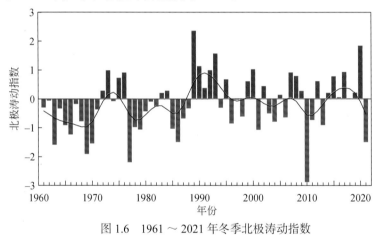

图 1.6　1961 ~ 2021 年冬季北极涛动指数

Figure 1.6　Variation of the Arctic Oscillation index in the winters of 1961 to 2021

1.3　中国气候要素

1.3.1　地表气温

(1) 平均气温

长序列均一化气温观测资料[①]分析（唐国利和任国玉，2005；Xu et al.，2018a）显示，

───────────

①资料说明见附录Ⅱ。

1901 ～ 2021 年，中国地表年平均气温呈显著上升趋势，升温速率为 0.16℃ /10a，并伴随明显的年代际波动（图 1.7）。1951 ～ 2021 年，中国地表年平均气温呈显著上升趋势，增温速率达到 0.26℃ /10a。2021 年，中国地表年平均气温较常年偏高 0.97℃，为 1901 年以来的最暖年份。最近 20 年是中国 20 世纪初以来的最暖时期，2002 ～ 2021年中国地表平均气温较常年值高出 0.70℃；1901 年以来的 10 个最暖年份中，除 1998 年，其余 9 个均出现在 21 世纪。

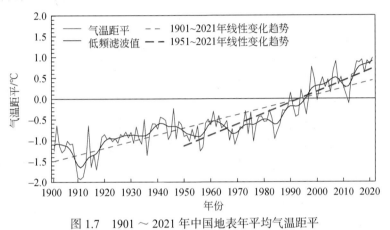

图 1.7　1901 ～ 2021 年中国地表年平均气温距平

Figure 1.7　Annual mean surface air temperature anomalies in China from 1901 to 2021

1901 ～ 2021 年，北京南郊观象台地表年平均气温呈显著升高趋势，升温速率为 0.14℃ /10a。20 世纪 60 年代末以来，升温趋势尤其显著，20 世纪 90 年代至今为主要的偏暖阶段；20 世纪前 20 年和 30 年代至 70 年代为偏冷阶段［图 1.8（a）］。2021 年，北京南郊观象台地表年平均气温为 13.7℃，较常年值偏高 0.8℃。

1909 ～ 2021 年，哈尔滨气象观测站地表年平均气温呈显著升高趋势，升温速率为 0.23℃ /10a，高于同期全国平均升温速率［图 1.8（b）］。20 世纪 90 年代初期至今为偏暖阶段，40 年代以前和 50 年代至 80 年代末为偏冷阶段（1943 ～ 1948 年无观测数据）。2021 年，哈尔滨气象观测站地表年平均气温为 5.6℃，较常年值偏高 0.7℃。

1901 ～ 2021 年，上海徐家汇观象台地表年平均气温呈显著上升趋势，升温速率为 0.23℃ /10a。20 世纪初至 90 年代初气温较常年偏低，20 世纪 90 年代中期以来年平均气温持续偏高［图 1.8（c）］。2021 年，徐家汇观象台地表年平均气温为 18.6℃，较常年值偏高 1.7℃，为上海徐家汇观象台有观测记录以来的最暖年份。

1908 ～ 2021 年，广州气象台地表年平均气温呈显著上升趋势，升温速率为 0.15℃ /10a［图 1.8（d）］；且 20 世纪 80 年代初期以来升温明显加快（潘蔚娟等，2021）。2021 年，广州气象台地表年平均气温为 24.0℃，较常年值偏高 1.6℃，为

1908 年以来的最高值。

　　1901～2021 年，香港天文台地表年平均气温呈上升趋势，升温速率为 0.14℃/10a〔图 1.8（e）〕。1951～2021 年，地表年平均气温的上升速度加快，升温速率为 0.19℃/10a。2021 年，香港天文台地表年平均气温为 24.6℃，较常年值偏高 1.3℃，为香港天文台有观测记录以来的最暖年份。

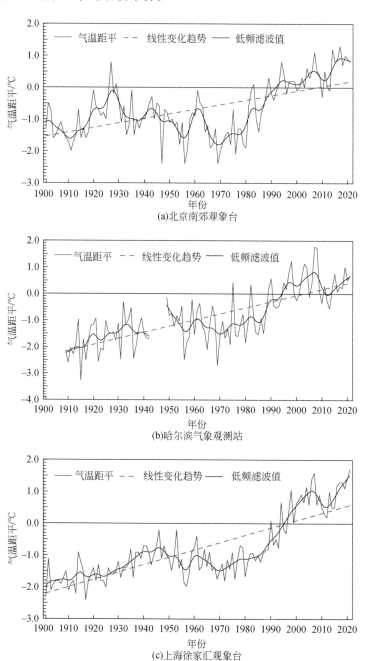

(a)北京南郊观象台

(b)哈尔滨气象观测站

(c)上海徐家汇观象台

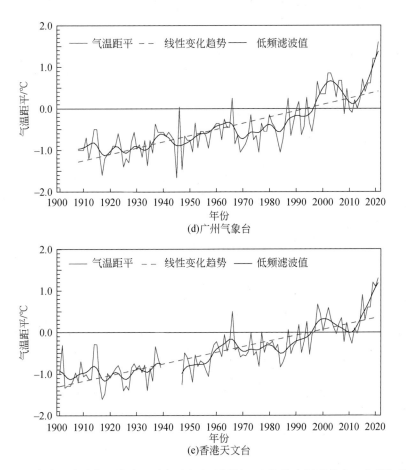

图 1.8　近百年来北京南郊观象台、哈尔滨气象观测站、上海徐家汇观象台、广州气象台和
香港天文台地表年平均气温距平

Figure 1.8　Annual mean surface air temperature anomalies at (a) Beijing Observatory, (b) Harbin
Meteorological Observatory, (c) Shanghai Xujiahui Observatory, (d) Guangzhou Meteorological Observatory
and (e) Hong Kong Observatory in the last hundred years or so

1961 ～ 2021 年，中国八大区域（华北、东北、华东、华中、华南、西南、西北和青藏地区）地表年平均气温均呈显著上升趋势（图 1.9），且升温速率的区域差异明显。青藏地区增温速率最大，平均每 10 年升高 0.37℃；华北、东北和西北地区次之，升温速率依次为 0.33℃ /10a、0.31℃ /10a 和 0.30℃ /10a；华东和华中地区平均每 10 年分别升高 0.26℃ 和 0.21℃；华南和西南地区升温幅度相对较缓，增温速率依次为 0.18℃ /10a 和 0.17℃ /10a。

2021 年，中国大部地区气温较常年偏高（图 1.10），华北中南部和西北部，黄淮、江淮、江汉中东部，江南大部，华南中东部，西南地区西部，青藏高原东南部，西北

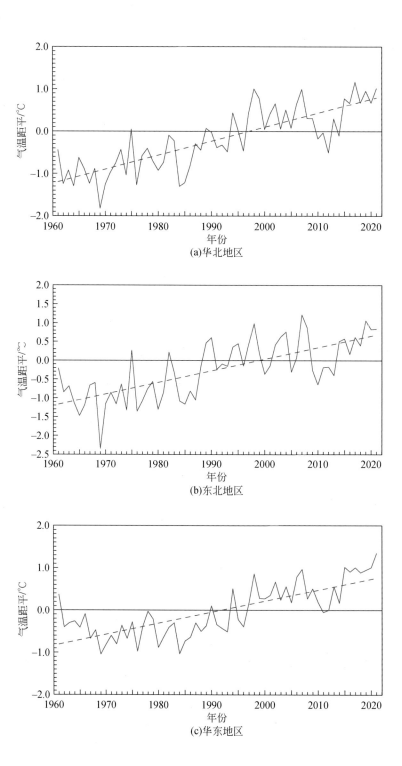

(a)华北地区

(b)东北地区

(c)华东地区

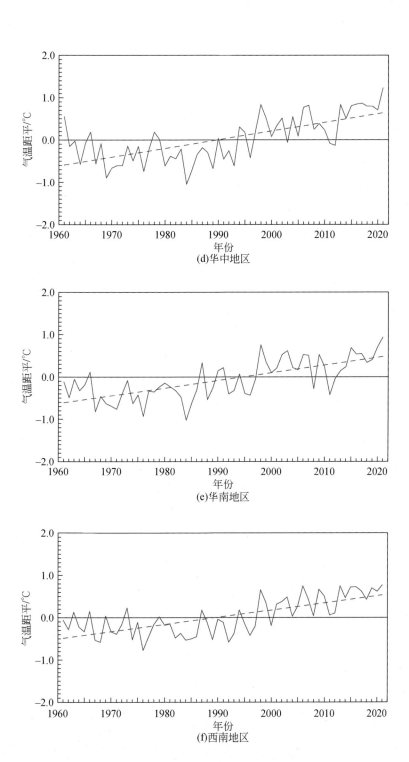

(d)华中地区

(e)华南地区

(f)西南地区

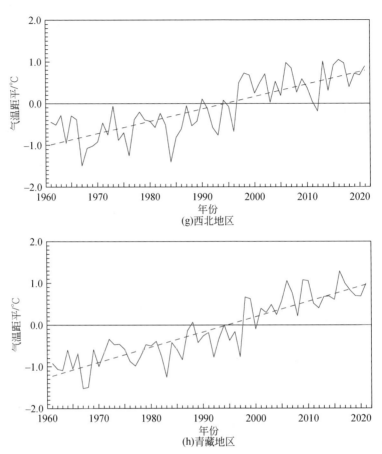

图 1.9　1961～2021 年中国八大区域地表年平均气温距平
点线为线性变化趋势线

Figure 1.9　Regional averaged annual mean surface air temperature anomalies from 1961 to 2021

(a) North China; (b) Northeast China; (c) East China; (d) Central China; (e) South China;

(f) Southwest China; (g) Northwest China and (h) Qinghai-Xizang

The dashed lines stand for a linear trend

地区东南部部分地区等地偏高 1～2℃；仅新疆中部和西南部局部地区气温较常年略偏低；华东、华中、华南和西南地区平均气温均为 1961 年以来的最高值，华北地区平均气温为 1961 年以来的第二高值，东北地区为 1961 年以来的第五高值（图 1.9）。

(2) 最高气温和最低气温

1951～2021 年，中国地表年平均最高气温呈上升趋势，平均每 10 年升高 0.20℃，低于同期年平均气温的升高速率。20 世纪 70 年代后期之前，中国年平均最高气温变化相对稳定，之后呈明显上升趋势［图 1.11（a）］。2021 年，中国地表年平均最高气温较常年值偏高 1.01℃，与 2007 年并列为 1951 年以来的最高值。

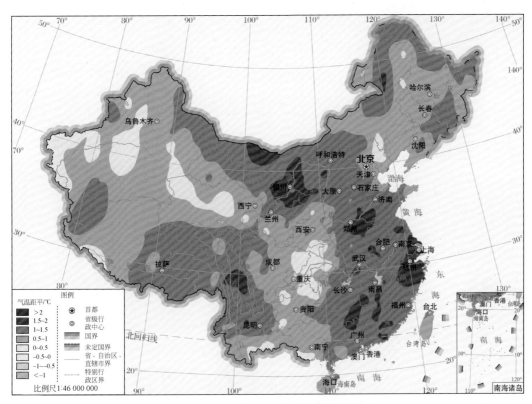

图 1.10 2021 年中国地表年平均气温距平分布

Figure 1.10 Distribution of annual mean surface air temperature anomalies in China in 2021

1951～2021 年，中国地表年平均最低气温呈显著上升趋势，平均每 10 年升高 0.35℃，明显高于同期年平均气温和最高气温的上升速率。20 世纪 70 年代初期以来，中国年平均最低气温上升趋势尤为明显；2001 年以来，持续高于常年值［图 1.11（b）］。2021 年，中国地表年平均最低气温较常年值偏高 1.20℃，亦为 1951 年以来的最高值。

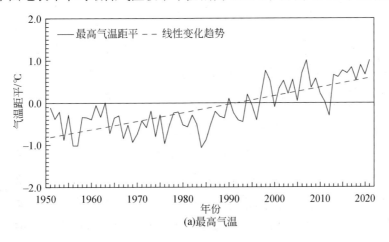

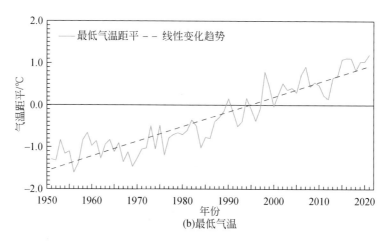

图 1.11　1951～2021 年中国地表年平均最高气温和最低气温距平

Figure 1.11　Annual mean surface (a) maximum and (b) minimum air temperature anomalies in China from 1951 to 2021

1.3.2　高层大气温度

探空观测资料分析显示，1961～2021 年，中国上空对流层低层（850 hPa）和上层（300 hPa）年平均气温均呈显著上升趋势（图 1.12），增温速率均为 0.20℃/10a；而平流层下层（100 hPa）年平均气温表现为下降趋势，平均每 10 年降低 0.19℃。对流层升温和平流层下层降温趋势与全球高层大气温度变化总体一致（陈哲和杨溯，2014；郭艳君和王国复，2019；Guo et al.，2020）。2021 年，中国上空对流层低层和上层平均气温均较常年值偏高 1.0℃，均为 1961 年以来最暖；平流层下层平均气温较常年值偏低 1.1℃，为 1961 年以来的最低值。

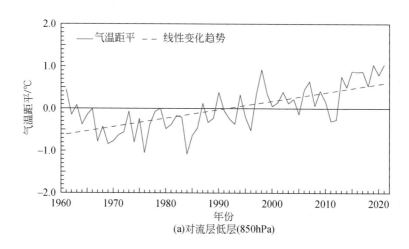

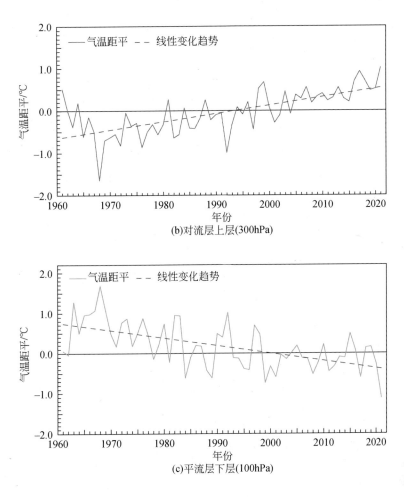

图 1.12　1961 ～ 2021 年中国高空年平均气温距平

Figure 1.12　Annual mean upper-air temperature anomalies in China from 1961 to 2021

(a) lower troposphere (850 hPa); (b) upper troposphere (300 hPa) and (c) lower stratosphere (100 hPa)

1.3.3　降水

(1) 降水量

1901 ～ 2021 年，中国平均年降水量无明显趋势性变化，但存在显著的 20 ～ 30 年尺度的年代际振荡（战云健等，2022），其中 1900 年代中期至 20 世纪 20 年代初期、40 年代后期至 50 年代偏多，20 世纪 20 年代中期至 40 年代中期、60 年代至 70 年代末期降水总体偏少。

1901 ～ 2021 年，北京南郊观象台年降水量呈弱的减少趋势，并表现出明显的年代际变化特征。20 世纪 40 年代后期至 50 年代、80 年代中期至 90 年代后期降水偏多，

90 年代末到 21 世纪最初十年总体处于降水偏少阶段［图 1.13（a）］。2021 年，北京南郊观象台年降水量为 698.4 mm，较常年值偏多 31.3%（166.3 mm）。

1909～2021 年，哈尔滨气象观测站年降水量表现出明显的年代际变化特征，其中 20 世纪 10 年代、20 年代末期至 30 年代和 50 年代降水偏多（1943～1948 年无观测数据），70 年代降水偏少，80 年代至 90 年代中期降水偏多，21 世纪最初十年降水以偏少为主，2011 年以来波动增多［图 1.13（b）］。2021 年，哈尔滨气象观测站年降水量为 613.7 mm，较常年值偏多 14.1%（75.7 mm）。

1901～2021 年，上海徐家汇观象台年降水量呈显著增多趋势，平均每 10 年增加 17.2 mm。20 世纪 70 年代以前，年降水量以 30～40 年的周期波动，之后呈明显增多趋势，且年际波动幅度增大［图 1.13（c）］。2021 年，徐家汇观象台年降水量为 1478.3 mm，较常年值偏多 17.4%（218.8 mm）。

1908～2021 年，广州气象台年降水量呈增多趋势，并伴随明显的年代际波动。20 世纪 30 年代和 50 年代中期至 60 年代降水偏少，但降水从 70 年代初波动增加，21 世纪初期以来为降水偏多为主［图 1.13（d）］。2021 年，广州气象台年降水量为 1544.1 mm，较常年值偏少 14.3%（257.2 mm）。

1901～2021 年，香港天文台年降水量呈增多趋势，平均每 10 年增加 29.2 mm，且年际波动幅度较大［图 1.13（e）］。2021 年，香港天文台年降水量为 2307.1 mm，较常年值偏少 3.8%（91.4 mm）。

1961～2021 年，中国平均年降水量呈增加趋势，平均每 10 年增加 5.5 mm，且年代际变化明显。20 世纪 90 年代中国平均年降水量以偏多为主，21 世纪最初十年总体偏少，2012 年以来降水持续偏多（图 1.14）。1998 年、2016 年和 2020 年是排名前三位的降水高值年，2011 年、1986 年和 2009 年是排名后三位的降水低值年。

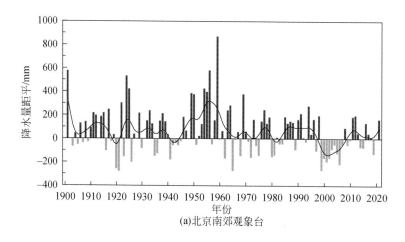

(a)北京南郊观象台

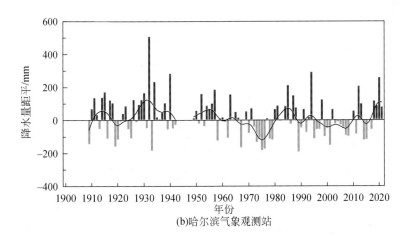

(b)哈尔滨气象观测站

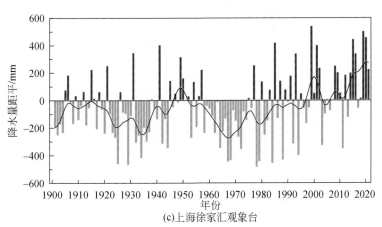

(c)上海徐家汇观象台

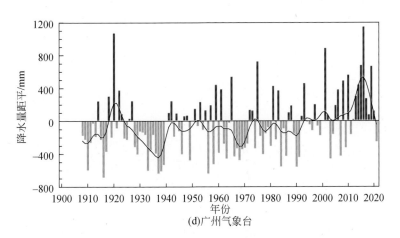

(d)广州气象台

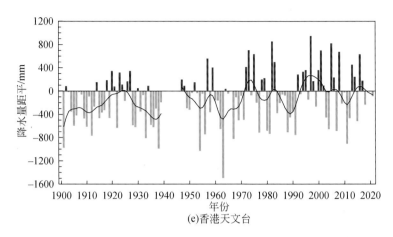

图 1.13　近百年来北京南郊观象台、哈尔滨气象观测站、上海徐家汇观象台、广州气象台和
香港天文台年降水量距平变化

Figure 1.13　Changing annual precipitation anomalies at (a) Beijing Observatory, (b) Harbin Meteorological

Observatory, (c) Shanghai Xujiahui Observatory, (d) Guangzhou Meteorological Observatory and

(e) Hong Kong Observatory in the last hundred years or so

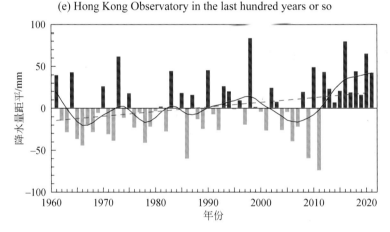

图 1.14　1961～2021 年中国平均年降水量距平
点线为线性变化趋势线

Figure 1.14　Annual precipitation anomalies averaged in China from 1961 to 2021

The dashed line stands for the linear trend

　　1961～2021 年，中国八大区域平均年降水量变化趋势差异明显（图 1.15）。青藏地区平均年降水量呈显著增多趋势，平均每 10 年增加 10.2 mm，2016 年以来青藏地区降水量持续偏多；西南地区平均年降水量总体呈减少趋势，但 2014 年以来降水以偏多为主；华北、东北、华东、华中、华南和西北地区年降水量无明显线性变化趋势，但均存在年代际波动变化。21 世纪初以来，华北、东北和西北地区平均降水量波动上升，华中地区平均降水量年际波动幅度增大。

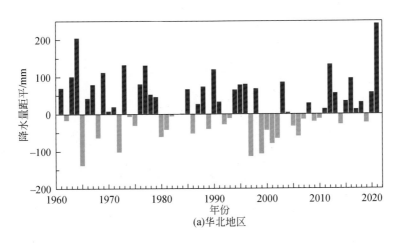

(a)华北地区

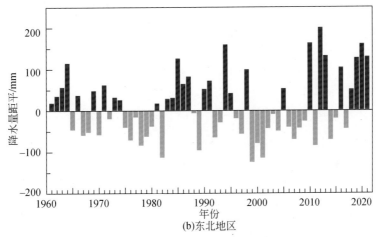

(b)东北地区

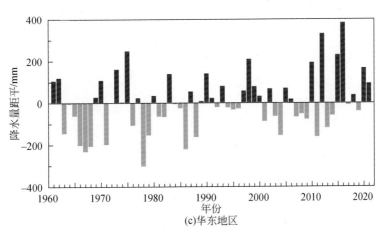

(c)华东地区

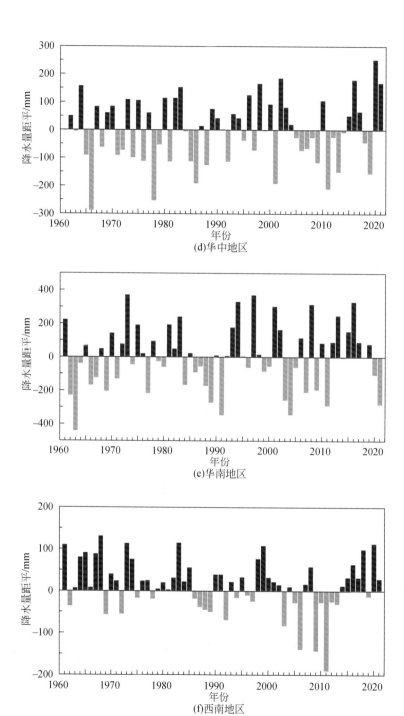

(d)华中地区

(e)华南地区

(f)西南地区

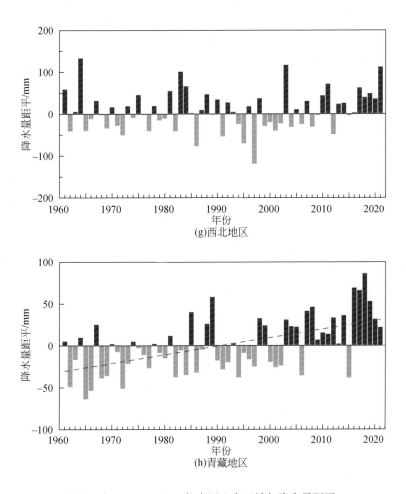

图 1.15 1961 ～ 2021 年中国八大区域年降水量距平
点线为线性变化趋势线
Figure 1.15 Regional averaged annual precipitation anomalies from 1961 to 2021
(a) North China; (b) Northeast China; (c) East China; (d) Central China; (e) South China; (f) Southwest
China; (g) Northwest China and (h) Qinghai-Xizang
The dashed line stands for a linear trend

　　2021 年，中国平均降水量为 672.1 mm，较常年值偏多 6.7%。东北西部及北部、华北中东部、黄淮大部、江淮北部、江汉西北部、西北地区西南部、青藏高原中部和西北部及新疆西南部偏多 20% 至 1 倍，河南北部和新疆西南部部分地区偏多 1 倍以上；华南东南部、西南地区西南部及内蒙古西部偏少 20% ～ 50%（图 1.16）。2021 年，华北地区平均降水量较常年值偏多 54.1%，为 1961 年以来最多；西北地区平均降水量偏多 29.3%，为 1961 年以来第三多；华南地区平均年降水量较常年值偏少 17.0%，为近十年最小值。

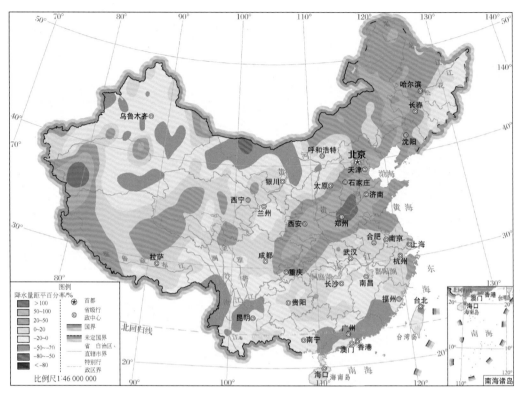

图 1.16 2021 年中国年降水量距平百分率分布

Figure 1.16 Distribution of annual precipitation anomalies by percentage in China in 2021

(2) 降水日数

1961 ～ 2021 年，中国平均年降水日数呈显著减少趋势，平均每 10 年减少 1.8 天。2021 年，中国平均年降水日数为 101.1 天，较常年值偏少 2.0 天［图 1.17（a）］。

1961 ～ 2021 年，中国年累计暴雨（日降水量 ≥ 50 mm）站日数呈增加趋势，平均每 10 年增加 4.5%。2021 年，中国年累计暴雨站日数为 7667 站日，较常年值偏多 26.9%，为 1961 年以来第二多，仅次于 2016 年［图 1.17（b）］。

1.3.4 其他要素

(1) 相对湿度

1961 ～ 2021 年，中国平均相对湿度总体无明显趋势性变化，但阶段性变化特征明显：20 世纪 60 年代中期至 80 年代后期相对湿度偏低，1989 ～ 2003 年以偏高为主，2004 ～ 2014 年总体偏低，2015 年以来转为偏高（图 1.18）。2021 年，中国平均相对湿度较常年值偏高 0.7%。

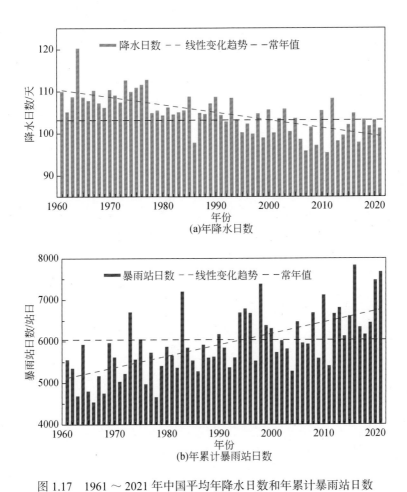

图 1.17　1961～2021 年中国平均年降水日数和年累计暴雨站日数

Figure 1.17　(a) Annual rainy days and (b) accumulated rainstorm days in China from 1961 to 2021

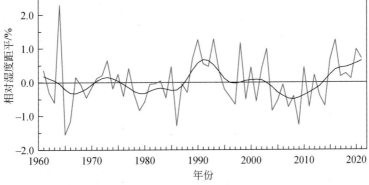

图 1.18　1961～2021 年中国平均相对湿度距平

Figure 1.18　Annual mean relative humidity anomalies in China from 1961 to 2021

(2) 风速

1961 ～ 2021 年，中国平均风速总体呈减小趋势（图 1.19），平均每 10 年减小 0.14 m/s。20 世纪 60 年代至 90 年代初期为持续正距平，之后转入负距平；但 2015 年以来出现小幅回升。2021 年，中国平均风速较常年值偏小 0.07 m/s。

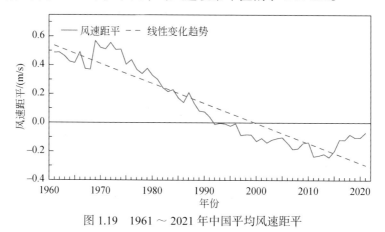

图 1.19　1961 ～ 2021 年中国平均风速距平

Figure 1.19　Annual mean wind speed anomalies in China from 1961 to 2021

(3) 日照时数

1961 ～ 2021 年，中国平均年日照时数呈现显著减少趋势，平均每 10 年减少 26.1 h。2021 年，中国平均年日照时数为 2406 h，较常年值偏少 93 h（图 1.20）。

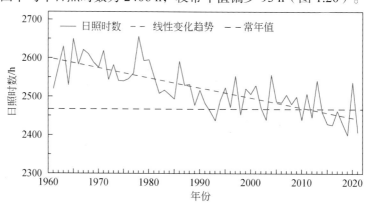

图 1.20　1961 ～ 2021 年中国平均年日照时数

Figure 1.20　Annual mean sunshine duration in China from 1961 to 2021

(4) 积温

1961 ～ 2021 年，中国平均 ≥ 10℃ 的年活动积温呈显著增加趋势，平均每 10 年增加 62.5 ℃·d；1997 年以来，中国平均 ≥ 10℃ 的年活动积温持续偏多（图 1.21）。

2021 年，中国平均 ≥ 10℃的年活动积温为 5040.9 ℃·d，较常年值偏多 310.8 ℃·d，为 1961 年以来的最高值。

1961 ～ 2021 年，全国各地 ≥ 10℃的年活动积温呈一致性的上升趋势（图 1.22）。

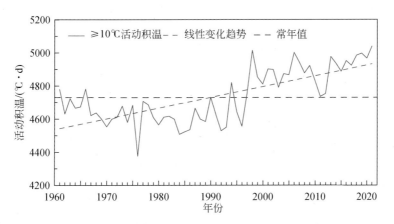

图 1.21　1961 ～ 2021 年中国平均 ≥ 10℃的年活动积温

Figure 1.21　Annual active accumulated temperature with air temperature of ≥ 10℃ in China from 1961 to 2021

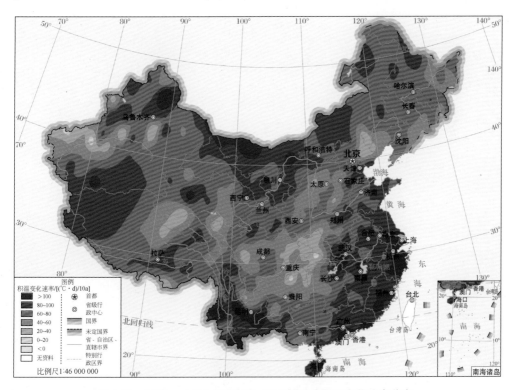

图 1.22　1961 ～ 2021 年中国 ≥ 10℃年活动积温变化速率分布

Figure 1.22　Distribution of rate of the changing annual active accumulated temperature of ≥ 10℃ in China for the period of 1961 to 2021

黄淮东南部、江淮大部、江汉中东部、江南大部、华南地区东南部、西南地区南部及内蒙古中西部、西藏西北部、新疆北部和西南部部分地区增加速率超过 80（℃·d）/10a，华北大部、东北大部、黄淮西部、江淮西部、江汉西北部、华南西部、西南地区中北部、青藏高原大部、西北地区大部平均每 10 年增加 40～80℃·d，湖北西部、重庆东北部和东南部、贵州北部、新疆南部和青藏高原东北部部分地区 ≥10℃ 的年活动积温增加速率低于 40（℃·d）/10a。

2021 年，全国大部地区 ≥10℃ 活动积温较常年值偏多（图 1.23）。黄淮、江淮、江汉东部、江南、华南大部、西南大部、青藏高原西部和东南部、西北地区东南部、新疆东部等地偏多 200～600℃·d，江南中东部和华南地区北部偏多 600℃·d 以上；华北地区东北部、新疆南部及西部的部分地区 ≥10℃ 活动积温较常年值略偏少。

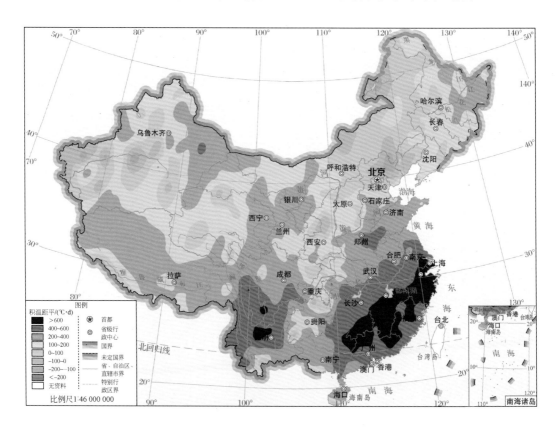

图 1.23　2021 年中国 ≥10℃ 活动积温距平分布

Figure 1.23　Distribution of anomaly of the active accumulated temperature of ≥ 10℃ in China in 2021

1.4 极端天气气候事件

1.4.1 极端温度

1961 ~ 2021 年，中国平均年暖昼日数呈增多趋势［图 1.24（a）］，平均每 10 年增加 6.0 天，尤其在 20 世纪 90 年代中期以来增加更为明显。2021 年，中国平均暖昼日数为 81.3 天，较常年值偏多 37.6 天，为 1961 年以来最多。

1961 ~ 2021 年，中国平均年冷夜日数呈显著减少趋势［图 1.24（b）］，平均每 10 年减少 8.1 天，1998 年以来冷夜日数较常年值持续偏少。2021 年，中国冷夜日数 22.3 天，较常年值偏少 14.4 天。

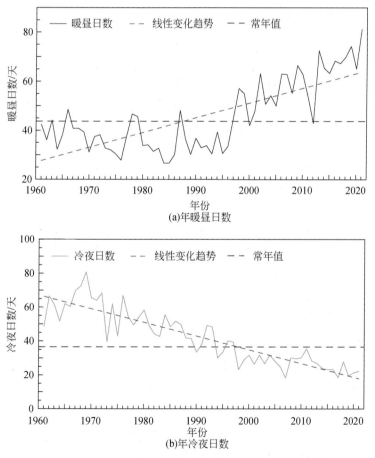

图 1.24　1961 ~ 2021 年中国平均年暖昼和冷夜日数变化

Figure 1.24　Changing annual number of (a) warm days and (b) cold nights in China from 1961 to 2021

1961～2021 年，中国极端高温事件发生频次的年代际变化特征明显，20 世纪 90 年代后期以来明显偏多［图 1.25（a）］。2021 年，中国共发生极端高温事件 810 站日，较常年值偏多 530 站日，其中云南元江（44.1℃）、四川富顺（41.5℃）等共计 62 站日最高气温突破历史极值。

1961～2021 年，中国极端低温事件发生频次呈显著减少趋势［图 1.25（b）］，平均每 10 年减少 219 站日。但 2021 年，中国共发生极端低温事件 961 站日，较常年值偏多 693 站日，为近 30 年来最多；其中内蒙古太仆寺旗（−37.5℃）和河北康保（−37.4℃）等共计 59 站日最低气温突破低温历史极值。

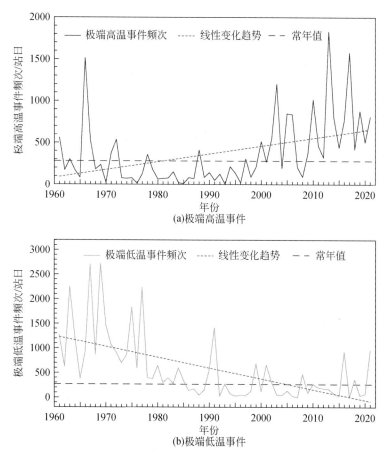

图 1.25　1961～2021 年中国极端高温和极端低温事件频次

Figure 1.25　Frequency of (a) high and (b) low temperature extremes in China from 1961 to 2021

1.4.2　极端降水

1961～2021 年，中国极端日降水量事件的频次呈增加趋势（图 1.26），平均每

10 年增多 19 站日。2021 年，中国共发生极端日降水量事件 353 站日，较常年值偏多 122 站日，其中河南郑州（552.5 mm）和新密（448.3 mm）等共计 64 站日降水量突破历史极值。

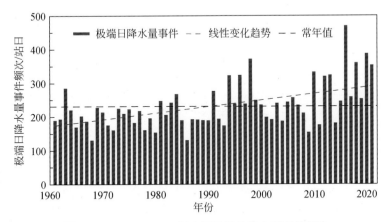

图 1.26　1961 ～ 2021 年中国极端日降水量事件频次

Figure 1.26　Frequency of daily precipitation extremes in China from 1961 to 2021

1.4.3　区域性气象干旱

1961 ～ 2021 年，中国共发生了 189 次区域性气象干旱事件（图 1.27），其中极端干旱事件 16 次、严重干旱事件 40 次、中度干旱事件 79 次、轻度干旱事件 54 次；1961 年以来，区域性干旱事件频次呈微弱上升趋势，并且具有明显的年代际变化特征：20 世纪 70 年代后期至 80 年代区域性气象干旱事件偏多，90 年代偏少，2003 ～ 2008 年阶段性偏多，2009 年以来总体偏少。2021 年，中国共发生 4 次区域性气象干旱事件，

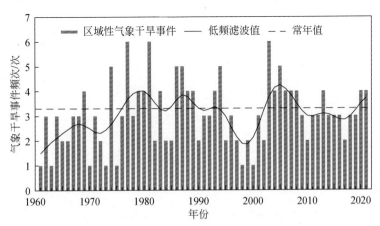

图 1.27　1961 ～ 2021 年中国区域性气象干旱事件频次

Figure 1.27　Frequency of regional meteorological drought events in China from 1961 to 2021

频次较常年略偏多；其中华南出现春夏秋连旱，达到严重干旱等级；2 次中度干旱等级，
分别为云南 2020 年秋末至 2021 年夏初连续干旱、西北地区东部和华北西部夏秋连旱；
江南、华南等地出现秋冬连旱，为轻度干旱等级。

1.4.4 台风

1949～2021 年，西北太平洋和南海生成台风（中心风力≥8 级）个数呈减少趋势，
同时表现出明显的年代际变化特征，20 世纪 90 年代中后期以来总体处于台风活动偏少
的年代际背景下（图 1.28）。2021 年，西北太平洋和南海台风生成个数为 22 个，较常
年值（25.5 个）偏少 3.5 个。

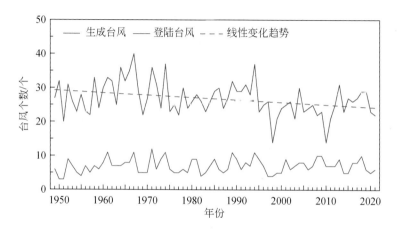

图 1.28　1949～2021 年西北太平洋和南海生成及登陆中国台风个数

Figure 1.28　Number of typhoon genesis in the Western North Pacific and the South China Sea and
those landing in China from 1949 to 2021

1949～2021 年，登陆中国的台风（中心风力≥8 级）个数呈弱的增多趋势，但
线性趋势并不显著；年际变化大，最多年达 12 个（1971 年），最少年仅有 3 个（1950
年和 1951 年）（图 1.28）。1949～2021 年，登陆中国台风比例呈增加趋势（图 1.29），
2000～2010 年最为明显，2010 年的台风登陆比例（50%）最高。2021 年登陆中国的
台风有 6 个，登陆比例为 27%，较常年值（29%）偏低。

1949～2021 年，登陆中国台风（中心风力≥8 级）的平均强度（以台风中心最大
风速来表征）线性趋势不明显，主要表现出明显的年代际变化（图 1.30），其中 20 世
纪 60 年代至 70 年代中期及 20 世纪 90 年代后期以来总体表现为偏强特征。2021 年，
登陆台风平均强度为 10 级（平均风速 24.8 m/s），较常年值（11 级，30.7 m/s）偏弱；
但 7 月下旬台风"烟花"登陆浙江后北上，陆上滞留时间长达 95 个小时，先后影响我

国东部浙江、上海等 10 省市。

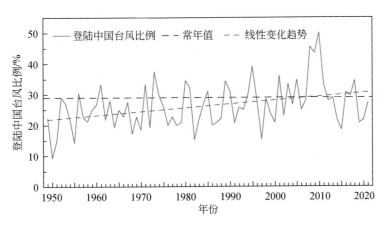

图 1.29　1949～2021 年登陆中国台风比例变化

Figure 1.29　Proportional variation of the typhoons landing in China from 1949 to 2021

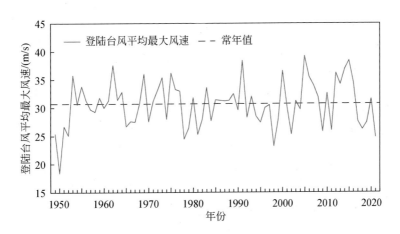

图 1.30　1949～2021 年登陆中国台风平均最大风速变化

Figure 1.30　Changing mean maximum wind speed of the typhoons landing in China from 1949 to 2021

1.4.5　沙尘与大气酸沉降

(1) 沙尘天气

1961～2021 年，中国北方地区平均沙尘（扬沙以上）日数呈明显减少趋势，平均每 10 年减少 3.3 天。20 世纪 80 年代末期之前，中国北方地区平均沙尘日数持续偏多，之后转入沙尘日数偏少阶段，近年来达最低值并略有回升（图 1.31）。2021 年，中国北方地区平均沙尘日数为 7.0 天，较常年值偏少 2.5 天。

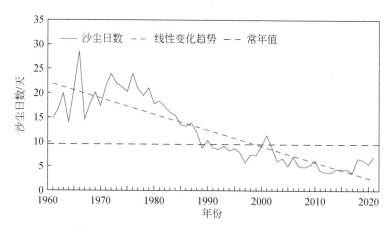

图 1.31　1961 ～ 2021 年中国北方地区沙尘日数

Figure 1.31　Changing annual sand-dust days in northern China from 1961 to 2021

(2) 大气酸沉降

1992 ～ 2021 年，中国酸雨（降水 pH 低于 5.60）经历了"改善—加重—再次改善"的阶段性变化过程，总体呈减弱、减少趋势。1992 ～ 1999 年为酸雨改善期；2000 ～ 2007 年酸雨污染加重；2008 年以来酸雨状况再度改善（图 1.32）。2021 年，中国酸雨污染较轻，中国气象局 74 个酸雨站年平均降水 pH 为 5.89；全国年平均酸雨频率和年平均强酸雨（降水 pH 低于 4.50）频率分别为 21.2% 和 1.8%，均为 1992 年以来的最低值。综合分析显示，我国二氧化硫排放量的增减变化是影响酸雨污染长期变化趋势的主控因子，2010 年以来氮氧化物排放量的逐年下降也对近年来酸雨污染的改善有较明显贡献（Shi et al., 2014）。

2021 年，酸雨区（降水 pH 低于 5.60）范围主要分布于江淮南部、江南大部、华南大部以及西南地区中部和南部的部分地区（图 1.33），其中江西北部、湖南东部和

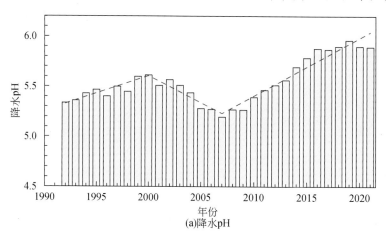

(a)降水pH

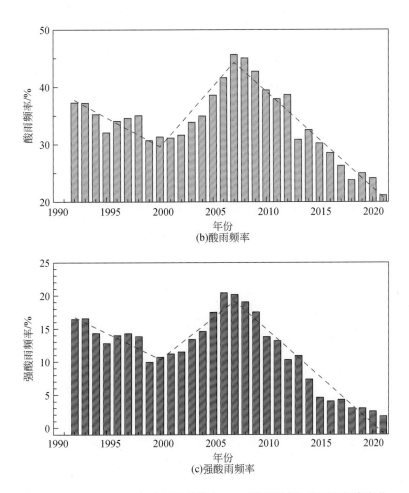

图 1.32　1992～2021 年中国平均降水 pH、酸雨频率和强酸雨频率变化

点线为线性趋势线

Figure 1.32　Changing annual mean (a) precipitation pH value, (b) acid rain frequency and

(c) severe acid rain frequency in China from 1992 to 2021

The dashed lines stand for a linear trend

南部部分地区、广东中部和西部的局部地区年平均降水 pH 低于 5.00，酸雨污染较明显。

1.4.6　中国气候风险指数

1961～2021 年，中国气候风险指数（Wang et al.，2018）呈升高趋势，且阶段性变化明显。20 世纪 60 年代至 70 年代后期气候风险指数呈下降趋势，70 年代末出现趋势转折，之后波动上升（图 1.34）。

2021 年，中国气候风险指数为 12.7，属强等级，较常年值偏高 7.3，亦明显高于

21 世纪以来平均值（7.0），为 1961 年以来第二高值，仅次于 2016 年；其中，7～8 月高温风险指数分别处于强和偏强等级，雨涝风险指数均达到强等级。

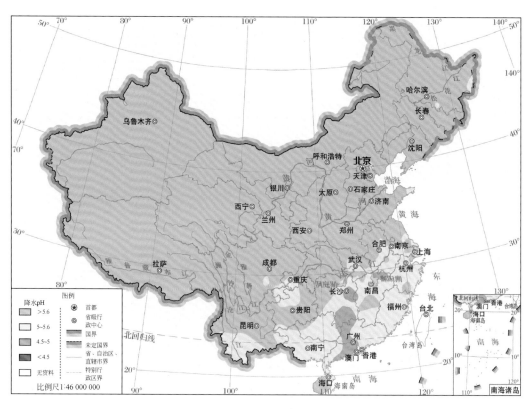

图 1.33　2021 年中国降水 pH 分布

Figure 1.33　Distribution of annual mean precipitation pH values in China in 2021

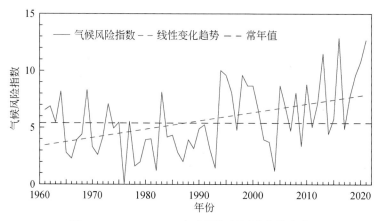

图 1.34　1961～2021 年中国气候风险指数变化

Figure 1.34　Changing climate risk index of China from 1961 to 2021

第 2 章 水 圈

水圈是由地表和地下水组成，包括海洋、湖泊、河流及岩层中的水等。海洋和陆地水通过蒸发或蒸散，以水汽的形式进入大气圈，水汽经大气环流输送到大陆或海洋上空、凝结后降落至地面或海面，降落于陆面的水部分被生物吸收，部分入渗形成土壤水，下渗为地下水，部分形成地表径流。水在循环过程中不断释放或吸收热能，是气候系统各大圈层间能量和物质交换的主要载体，并为地球的各种系统提供必需的水源。海洋面积占地球表面积的 71%，储存了地球系统中 97% 的水，吸收了 20% ~ 30% 人类活动排放的 CO_2，储存了约 93% 的气候系统净能量盈余，是大气主要的热源和水汽源地。海表温度、海洋热含量和海平面高度均是表征气候变化的核心指标，同时厄尔尼诺 / 拉尼娜、太平洋年代际振荡、北大西洋年代际振荡等行星尺度海 – 气相互作用的显著年际、年代际变率信号，不仅对大气环流和气候产生直接影响，而且对全球和区域的自然生态系统和社会经济系统也有重要的影响。中国地处北太平洋、印度洋和亚洲大陆的交汇区，海洋变化及其与大气间的能量传输和物质交换是影响中国区域气候异常与气候变化的重要因素。同时，径流、湖泊面积与水位、地下水水位等是监测陆地水变化的关键指标。

2.1 海 洋

2.1.1 海表温度

(1) 全球海表温度

1870 ~ 2021 年，全球平均海表温度（Rayner et al., 2003）表现为显著升高趋势，并伴随年代际变化特征（图 2.1）。20 世纪 80 年代之前全球平均海表温度较常年值偏低，80 年代后期至 20 世纪末海温由冷转暖，2000 年之后海温持续偏高。2021 年，全球平均海表温度比常年值偏高 0.18℃，为 1870 年以来的第七高值。

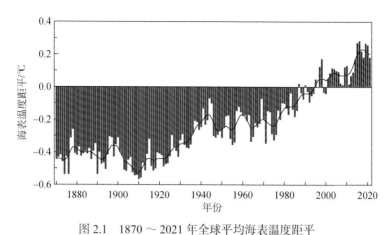

图 2.1　1870 ～ 2021 年全球平均海表温度距平

资料来源：英国气象局哈德利中心

Figure 2.1　Global annual mean sea surface temperature anomalies (SSTA) from 1870 to 2021

Data source: United Kindom Met Office Hadley Centre

    2021 年，全球大部分海域海表温度较接近常年值或偏高，北冰洋喀拉海西部、拉普捷夫海、东西伯利亚海海温偏高 0.5℃以上，局部海域海温偏高超过 1.0℃；北太平洋中北部、西南太平洋部分海域、北大西洋中部等海域海温偏高 0.5℃以上，其中北太平洋中部和北大西洋西北部部分海域海温偏高超过 1.0℃。而赤道中东太平洋大部、东南太平洋海盆西部部分海域海温较常年值偏低 0.5℃以上（图 2.2）。

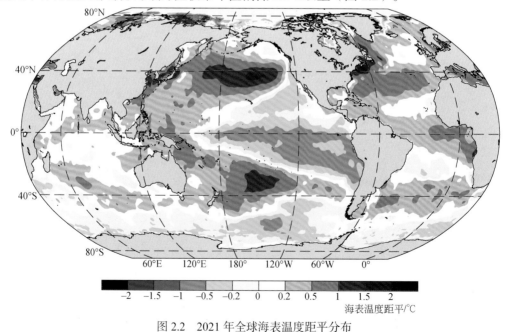

图 2.2　2021 年全球海表温度距平分布

Figure 2.2　Distribution of global mean SSTA in 2021

(2) 关键海区海表温度

厄尔尼诺 / 拉尼娜是赤道中东太平洋海表大范围持续异常偏暖 / 冷的现象，是气候系统年际变率中的最强信号。1951 ～ 2021 年，赤道中东太平洋 Niño3.4 海区（5°S ～ 5°N，120°W ～ 170°W）海表温度有明显的年际变化特征（图 2.3）。根据《厄尔尼诺 / 拉尼娜事件判别方法》（全国气候与气候变化标准化技术委员会，2017），1951 ～ 2021 年，赤道中东太平洋共发生了 21 次厄尔尼诺和 16 次拉尼娜事件。2020 年 8 月开始的中等强度的拉尼娜事件于 2021 年 3 月结束；随后赤道中东太平洋海温转为中性状态，但 2021 年 8 月后海温距平开始下降，并于 2021 年 9 月再度进入拉尼娜状态，2021 年 10 ～ 12 月拉尼娜状态持续。2021 年，Niño3.4 海区平均海表温度距平值为 –0.62℃，较 2020 年下降了 0.40℃。

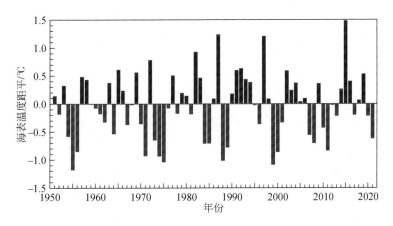

图 2.3　1951 ～ 2021 年赤道中东太平洋（Niño3.4 指数）年平均海表温度距平

Figure 2.3　Annual mean SSTA in the central and eastern equatorial Pacific (Niño3.4 index)

from 1951 to 2021

太平洋年代际振荡（Pacific Decadal Oscillation，PDO）是一种发生在太平洋区域的海盆空间尺度、年代际时间尺度的气候变率（Zhang et al.，1997；Mantua et al.，1997；杨修群等，2004），具有多重时间尺度，主要表现为准 20 年周期和准 50 年周期（图 2.4）。1947 ～ 1976 年，PDO 处于冷位相期；1925 ～ 1946 年和 1977 ～ 1998 年为暖位相期；20 世纪 90 年代末，PDO 再次转为冷位相期。2014 ～ 2019 年，PDO 指数由前期的负指数转为显著的正指数。2021 年，PDO 指数为 –1.03，较 2020 年下降 0.77，连续两年负位相。

1951 ～ 2021 年，热带印度洋（20°S ～ 20°N，40°E ～ 110°E）海表温度呈现显著上升趋势［图 2.5（a）］，升温速率为 0.12℃ /10a。20 世纪 50 ～ 70 年代，热带印度

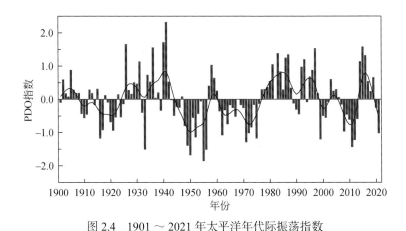

图 2.4　1901 ～ 2021 年太平洋年代际振荡指数

Figure 2.4　Pacific Decadal Oscillation (PDO) index from 1901 to 2021

洋海表温度较常年值持续偏低，80 ～ 90 年代海温由偏低逐渐转为偏高，2000 年之后以偏高为主。2021 年，热带印度洋海表温度距平值为 0.15℃，较 2020 年下降了 0.26℃。热带印度洋偶极子（Tropical Indian Ocean Dipole，TIOD）是热带西印度洋（10°S ～ 10°N，50°E ～ 70°E）与东南印度洋（10°S ～ 0°，90°E ～ 110°E）海表温度的跷跷板式反向变化（Saji et al.，1999；Webster et al.，1999），通常用前者减去后者定义为 TIOD；热带印度洋偶极子通常在夏季开始发展，秋季达到峰值，冬季快速衰减。2021 年秋季，TIOD 指数为 0.10℃［图 2.5（b）］。

　　北大西洋年代际振荡（Atlantic Multidecadal Oscillation，AMO）是发生在北大西洋区域海盆空间尺度、多年代时间尺度的海温自然变率（Bjerknes，1964；李双林等，2009），振荡周期为 65 ～ 80 年。1951 ～ 2021 年，北大西洋（0° ～ 60°N，0° ～ 80°W）海表温度表现出明显的年代际变化特征（图 2.6），近 70 年来经历了"暖—冷—暖"的年代际变化：20 世纪 50 ～ 60 年代海表温度偏高，70 年代初期至 90 年代中期海表

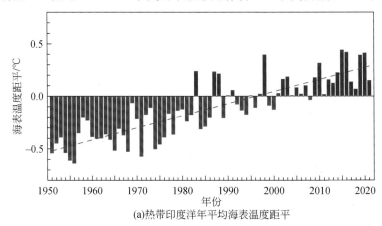

(a)热带印度洋年平均海表温度距平

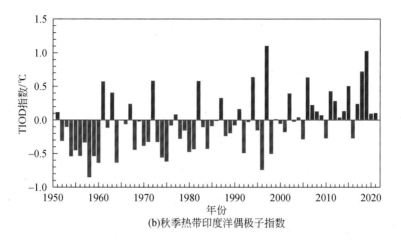

(b)秋季热带印度洋偶极子指数

图 2.5　1951 ～ 2021 年热带印度洋年平均海表温度距平和秋季热带印度洋偶极子指数变化
点线为线性变化趋势线
Figure 2.5　(a) Annual mean SSTA in the Tropical Indian Ocean and (b) changing Tropical Indian Ocean
Dipole index in autumn from 1951 to 2021
The dashed line stands for a linear trend

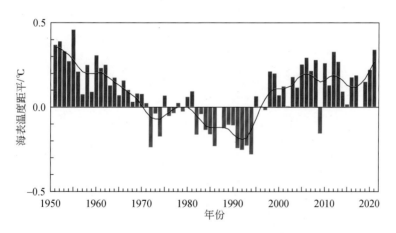

图 2.6　1951 ～ 2021 年北大西洋年平均海表温度距平
Figure 2.6　Annual mean SSTA in the North Atlantic from 1951 to 2021

温度以偏低为主，90 年代后期以来北大西洋海表温度持续偏高。2021 年，北大西洋平均海表温度距平值为 0.33℃，为 1951 年以来的第四高值。

2.1.2　海洋热含量

海洋热含量（Ocean Heat Content，OHC）是表征气候变化的一项核心指标，其反映海洋水体热量变化，主要受海水温度变化影响。海水由于比热容较大，海洋变暖在全球变暖驱动的气候系统能量储存中占主导地位（Cheng et al.，2019；Rhein et al.，2013）。且相对于地表和大气中的气候指标，海洋热含量受厄尔尼诺等气候系统自然变率和天气过程扰动的影响较小（Cheng et al.，2017），为此全球海洋热含量变化是气候变化的一个较为稳健的指针。

海洋热含量监测主要基于海洋温度观测数据（Abraham et al.，2013）。海洋数据分析显示，1958～2021 年，全球海洋热含量（上层 2000 m）呈显著增加趋势，增加速率为 5.7×10^{22} J/10a。海洋变暖在 20 世纪 80 年代后期以来显著加速，1986～2021年，全球海洋热含量增加速率为 9.1×10^{22} J/10a（图 2.7），是 1958～1985 年增暖速率的 8 倍。2021 年，全球海洋热含量再创新高，较常年值偏高 2.35×10^{23} J，比历史第二高年份（2020 年）高出 1.4×10^{22} J；地中海、大西洋、南大洋、印度洋、北太平洋海区的热含量均创历史新高。2012～2021 年是有现代海洋观测以来全球海洋最暖的 10 个年份（Cheng et al.，2022）。

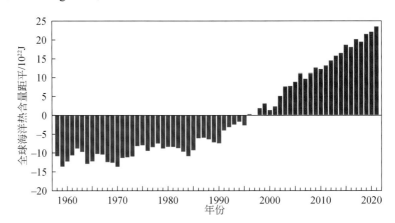

图 2.7　1958～2021 年全球海洋热含量（上层 2000 m）距平变化

资料来源：中国科学院大气物理研究所

Figure 2.7　Changing global Ocean Heat Content (upper 2000 m) anomalies from 1958 to 2021

Data source: Institute of Atmospheric Physics, Chinese Academy of Sciences

2021 年，全球大部分海域热含量较常年值偏高，南大洋（30°S 以南）、热带西太平洋（5°S～20°S）、西北太平洋（30°N～50°N）和大西洋（30°S～40°N）是偏高最为明显的海区（图 2.8）。南大洋和大西洋大幅偏暖主要是因为其背景大洋环流将表层热量输送至深层，且有较强的垂向混合（Meredith et al.，2019）。1960～2021 年，0～300 m、300～700 m、700～2000 m 和 2000 m 以下的海洋分别存储了全球海洋 40.3%、21.6%、29.2% 和 8.9% 的热量（Cheng et al.，2022）。

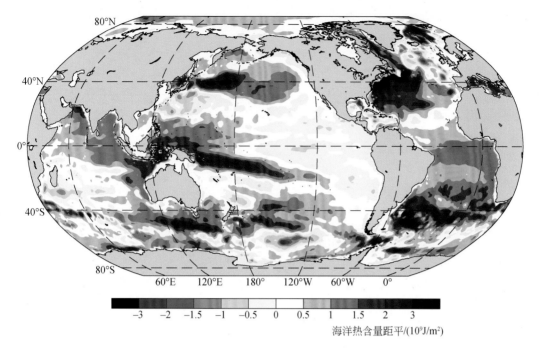

图 2.8 2021 年全球海洋热含量（上层 2000 m）距平分布

资料来源：中国科学院大气物理研究所

Figure 2.8 Distribution of global Ocean Heat Content (upper 2000m) anomalies in 2021

Data source: Institute of Atmospheric Physics, Chinese Academy of Sciences

2.1.3 海洋盐度

盐度是海水的核心物理特性之一，其和温度共同决定了海水密度，是大洋环流的驱动力之一。同时，降水和蒸发使淡水在海洋和大气之间转移，直接影响海水盐度变化：降水增加对应海水盐度降低、蒸发加剧则对应海水盐度增加。所以，海洋盐度是大气水循环的指针之一。在全球变暖驱动下，大气水循环加速，全球总体上发生了"干燥的区域变得更干，湿润的区域变得更湿"（即"干变干，湿变湿"）的水循环加速趋势（Held and Soden，2006）。水循环加速造成海洋盐度发生了"咸变咸、淡变淡"的趋势性变化（Durack，2015），该趋势可以用"盐度差"指数来进行度量，即用高盐度区域和低盐度区域的盐度差异来量化"咸变咸、淡变淡"的空间差异性变化（Cheng et al.，2020）。

海洋盐度监测主要基于海水盐度观测数据及其格点数据集。盐度数据分析显示，1960 ～ 2021 年，全球海洋（上层 2000 m）的高 – 低盐度差异呈显著增加趋势，其间全球海洋盐度差指数增大了 1.6%（Cheng et al.，2020）。2021 年，全球海洋盐度差指数为 1960 年以来的第二高值，反映了"咸变咸、淡变淡"的盐度变化趋势（图 2.9）。

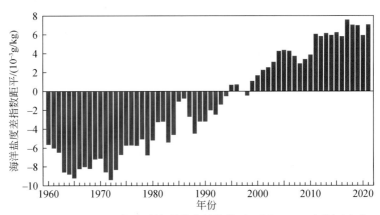

图 2.9　1960 ～ 2021 年全球海洋盐度差指数（上层 2000 m）距平变化

资料来源：中国科学院大气物理研究所

Figure 2.9　Global Ocean Salinity-Contrast (upper 2000 m) anomalies from 1960 to 2021

Data source: Institute of Atmospheric Physics, Chinese Academy of Sciences

　　与常年相比，2021 年，盐度相对较低的太平洋在进一步变淡，西北太平洋、北极、副极地大西洋和西太平洋海域淡化最为明显（图 2.10）。与此同时，盐度相对较高的大西洋中低纬度区域显著变咸，海盆西边界区域信号最显著；而北大西洋高纬海域显

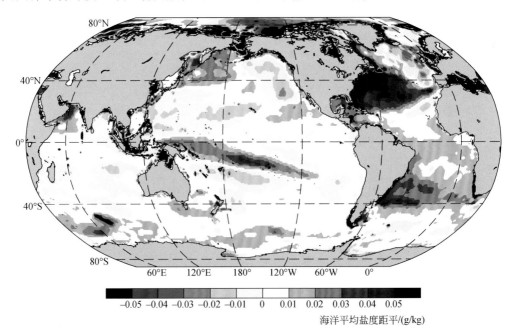

图 2.10　2021 年全球海洋（上层 2000 m）平均盐度距平分布

资料来源：中国科学院大气物理研究所

Figure 2.10　Distribution of global mean salinity (upper 2000 m) anomalies in 2021

Data source: Institute of Atmospheric Physics, Chinese Academy of Sciences

著变淡，可能与冰盖和海冰融化引起的淡水注入有关；北印度洋盐度表现为东西相反的空间分布。

　　海洋温盐变化对大洋环流、海洋生物地球化学过程有重要影响。高纬度温盐变化会改变海水密度，对大西洋经向翻转环流有关键调制作用，进而影响全球天气和气候；海洋温度和盐度变化的空间不均匀性会影响海洋层结稳定性（过去半个世纪，海洋层结持续加强）（Li et al.，2020），进而调节海洋垂向能量、物质、碳交换强度，影响海洋生态系统和渔业资源。

2.1.4　海平面

　　气候变暖背景下，全球平均海平面呈持续上升趋势，山地冰川和极地冰盖物质亏损、海洋热膨胀是海平面上升的主要原因。全球验潮站和卫星高度计观测数据分析显示，1901 ～ 2018 年，全球平均海平面上升速率为 1.7 mm/a，1971 ～ 2018 年上升速率为 2.3 mm/a，且 2006 ～ 2018 年山地冰川和极地冰盖消融明显大于海水热膨胀，成为全球平均海平面上升的首要贡献源（Fox-Kemper et al.，2021）。1993 ～ 2021 年，上升速率为 3.3 mm/a；2021 年，全球平均海平面达到有卫星观测记录以来的最高位（WMO，2022）。

　　验潮站长期观测资料分析显示，1980 ～ 2021 年，中国沿海海平面变化总体呈波动上升趋势（图 2.11），上升速率为 3.4 mm/a，高于同期全球平均水平。2021 年，中国沿海海平面较 1993 ～ 2011 年平均值高 84 mm，为 1980 年以来最高；渤海、黄海、东

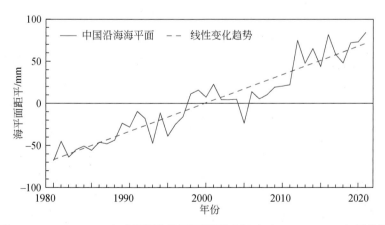

图 2.11　1980 ～ 2021 年中国沿海海平面距平（相对于 1993 ～ 2011 年平均值）

资料来源：国家海洋信息中心

Figure 2.11　Annual mean sea level anomalies (relative to 1993-2011 average) along the coastal China from 1980 to 2021

海和南海沿海海平面较 1993～2011 年平均值分别高 118 mm、88 mm、80 mm 和 50 mm。2012～2021 年，中国沿海海平面持续处于 1980 年以来的高位。

香港维多利亚港验潮站监测表明，1954～2021 年，维多利亚港年平均海平面呈上升趋势，上升速率为 3.1 mm /a；海平面于 1990～1999 年急速上升，2000～2008 年缓慢回落，2009 年以来维持高位。2021 年，维多利亚港海平面较 1993～2011 年平均值高 14 mm（图 2.12）。

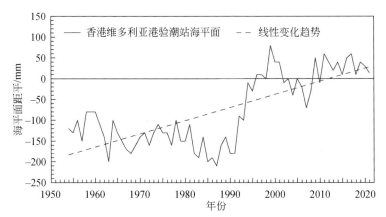

图 2.12　1954～2021 年香港维多利亚港海平面距平（相对于 1993～2011 年平均值）

资料来源：香港天文台

Figure 2.12　Annual mean sea level anomalies (relative to 1993-2011 average) of the Hong Kong Victoria Harbor from 1954 to 2021

Data source: Hong Kong Observatory

2.2　陆　地　水

2.2.1　地表水资源量

1961～2021 年，中国地表水资源量年际变化明显，20 世纪 90 年代中国地表水资源量以偏多为主，2003～2013 年总体偏少，2015 年以来中国地表水资源量转为以偏多为主（图 2.13）。2021 年，中国地表水资源量接近常年值略偏多；海河、黄河、辽河和淮河流域明显偏多，较常年值依次偏多 74.2%、38.7%、33.5% 和 31.6%，其中海河流域地表水资源量为 1961 年以来最多；松花江、长江、东南诸河和西北内陆河流域较常年值依次偏多 18.0%、5.6%、3.6% 和 1.8%；珠江和西南诸河流域较常年值分别偏少 15.7% 和 13.9%。

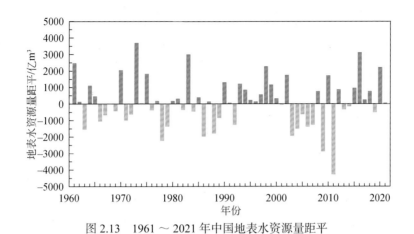

图 2.13　1961 ～ 2021 年中国地表水资源量距平

Figure 2.13　Annual surface water resources anomalies in China from 1961 to 2021

2021 年，中国平均年径流深为 331.2 mm，较常年值偏高 1.2%。松花江流域大部、辽河流域、海河流域大部、黄河流域大部、淮河流域、长江流域北部、东南诸河流域北部、西南诸河流域西北部径流深较常年值偏高（图 2.14），其中长江流域中北

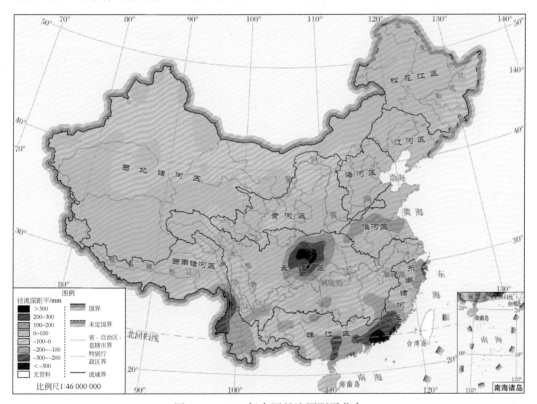

图 2.14　2021 年中国径流深距平分布

Figure 2.14　Distribution of runoff depth anomalies in China in 2021

部、淮河流域中部、东南诸河流域东北部偏高 100 ～ 200 mm，陕西东南部、四川东部和重庆北部部分地区偏高 200 mm 以上；东南诸河流域西南部、珠江流域大部、西南诸河流域东部偏低 100 ～ 300 mm，广东东北部沿海地区和云南西北部部分地区偏低 300 mm 以上。

2.2.2 湖泊面积与水位

湖泊不仅是重要的水资源，而且在陆地水循环中起着重要作用。湖泊面积变化是气候变化和人类活动的敏感指标，湖泊水位是反映区域生态气候和水循环的重要监测指标。

(1) 鄱阳湖水体面积

1989 ～ 2021 年，鄱阳湖 8 月水体面积年际波动明显（图 2.15）。1998 年之前鄱阳湖 8 月水体面积较 1991 ～ 2020 年同期平均值总体偏小；但 1998 年以来水体面积年际波动幅度明显变大，水体面积最大值和最小值分别出现在 1998 年和 1999 年。2021 年 8 月，鄱阳湖水体面积为 3126 km²，较 1991 ～ 2020 年同期平均值偏小 7.5%。

2021 年汛期（5 ～ 9 月），除 5 月外，鄱阳湖水体面积持续超过 3000 km²；5 ～ 6 月快速增大，6 月面积达到最大后有所减小，但 7 ～ 9 月均维持在较高水平。其中 6 月水体面积达 3463 km²；5 月面积最小，为 2032 km²，仅为 6 月面积的 58.7%（图 2.16）。

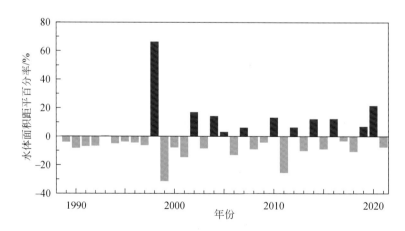

图 2.15　1989 ～ 2021 年鄱阳湖水域 8 月水体面积距平百分率（相对于 1991 ～ 2020 年平均值）

Figure 2.15　Waterbody area anomaly by percentage (relative to 1991-2020 average) of the Poyang Lake in August from 1989 to 2021

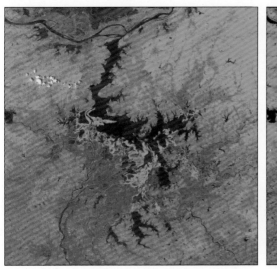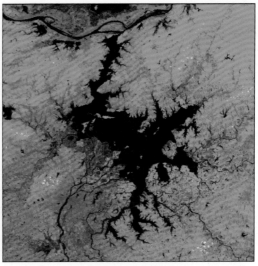

(a)5月5日13:30(北京时)　　　　　　　　　　　(b)6月5日13:35(北京时)

图 2.16　2021 年汛期鄱阳湖水域卫星监测图像

利用 FY-3D/MERSI 卫星数据制作

Figure 2.16　Satellite (FY-3D/MERSI)monitoring images of the Poyang Lake during flood season in 2021

(a) 5 May, 13:30 (Beijing Time) and (b) 5 June, 13:35 (Beijing Time)

(2) 洞庭湖水体面积

1989 ～ 2021 年，洞庭湖 8 月水体面积总体呈减小趋势，但近年趋于平稳（图 2.17）。1989 年以来，洞庭湖 8 月水体面积的最大值和最小值分别出现在 1996 年和 2006 年（邵佳丽等，2015）。2021 年 8 月，洞庭湖水体面积为 1441 km^2，较

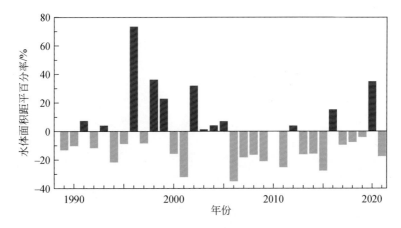

图 2.17　1989 ～ 2021 年洞庭湖水域 8 月水体面积距平百分率（相对于 1991 ～ 2020 年平均值）

Figure 2.17　Waterbody area anomaly by percentage (relative to 1991-2020 average) of the Dongting Lake

in August from 1989 to 2021

1991 ~ 2020 年同期平均值偏小 17.3%。

2021 年汛期（5 ~ 9 月），5 ~ 6 月水体面积大幅度增长，之后有所减小，于 9 月达到面积最大。其中 9 月面积达 1696 km²；5 月面积最小，仅为 969 km²，是 9 月面积的 57.1%（图 2.18）。

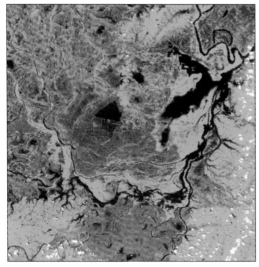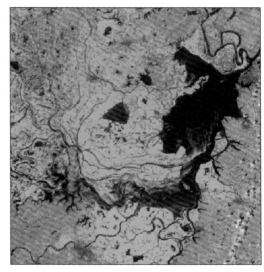

(a)5月9日13:55(北京时)　　　　　　　　　　(b)9月24日13:40(北京时)

图 2.18　2021 年汛期洞庭湖水域卫星监测图像

利用 FY-3D/MERSI 数据制作

Figure 2.18　Satellite (FY-3D/MERSI)monitoring images of the Dongting Lake during flood season in 2021

(a) 9 May, 13:55 (Beijing Time) and (b) 24 September, 13:40 (Beijing Time)

(3) 青海湖水位

青海湖是中国最大的内陆湖泊，位于青藏高原的东北部，是维系区域生态安全的重要水系。湖泊水位是反映区域生态气候和水循环的重要监测指标（朱立平等，2019）。1961 ~ 2004 年，青海湖水位呈显著下降趋势，平均每 10 年下降 0.76 m，渔业资源减少、鸟类栖息环境恶化等生态环境效应凸显（杨萍等，2013）。2005 年以来，受青海湖流域气候暖湿化的影响，入湖径流量增加，青海湖水位止跌回升（李林等，2011；金章东等，2013），转入上升期（图 2.19）。2021 年，青海湖流域平均降水量为 399.6 mm，较常年值偏多 23.6 mm，年平均气温较常年值偏高 0.9℃；流域冰雪融水和降水补给量均较常年值偏多，青海湖水位达到 3196.51 m，较常年值高出 2.97 m，较 2020 年上升 0.17 m，为 1961 年有观测记录以来的最高水位。2005 年以来，青海湖水位连续 17 年回升，累计上升 3.64 m；2017 ~ 2021 年水位加速上升，2021 年已超过 20 世纪 60 年代初期的水位。

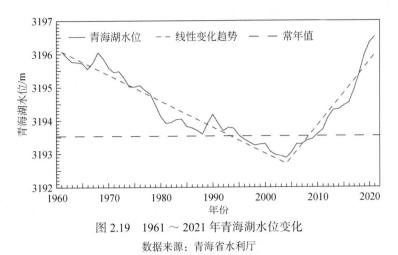

图 2.19 1961 ～ 2021 年青海湖水位变化

数据来源：青海省水利厅

Figure 2.19 Changing water level of the Qinghai Lake from 1961 to 2021

Data source: Water Conservancy Department of Qinghai Province

2.2.3 地下水水位

地下水水位与降水量、河道流量及持续时间、渗入量及人类活动用水强度等气候环境因素及地质结构密切相关，其存在区域差异及季节、年际动态变化。

(1) 河西走廊地下水水位

2005 ～ 2021 年，河西走廊西部的敦煌和月牙泉、河西走廊东部的武威中部绿洲区地下水水位先下降后平稳上升，民勤青土湖地下水水位表现为稳定上升趋势，而武威东部荒漠区地下水水位呈下降趋势（图 2.20）。2021 年，敦煌和武威中部绿洲区监测

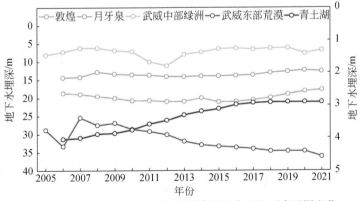

图 2.20 2005 ～ 2021 年河西走廊典型生态区地下水埋深变化

右侧纵坐标轴对应为青土湖地下水埋深

Figure 2.20 Changing groundwater depth in typical ecological regions of the Hexi Corridor from 2005 to 2021

The right-hand vertical axis corresponds to the groundwater depth in the Qingtu Lake

点浅层地下水埋深依次为 17.74 m 和 6.70 m，分别较 2020 年减少 0.37 m 和 0.90 m，其中敦煌地下水水位为 2005 年以来最高；青土湖地下水埋深为 2.91 m，与 2020 年持平；武威东部荒漠区和月牙泉监测点地下水埋深分别为 36.20 m 和 12.58 m，较 2020 年分别增加 1.50 m 和 0.25 m。

(2) 江汉平原地下水水位

1981～2021 年，江汉平原荆州站地下水水位与降水量密切相关，阶段性变化特征明显。1981～2002 年，荆州站地下水水位波动上升，随后缓慢下降（图 2.21）。2021 年，荆州站年降水量为 906.3 mm，较常年值偏少 170.8 mm，比 2020 年偏少 587.2 mm；2021 年，荆州站浅层地下水埋深为 1.31 m，地下水水位较 2020 年下降 0.30 m。

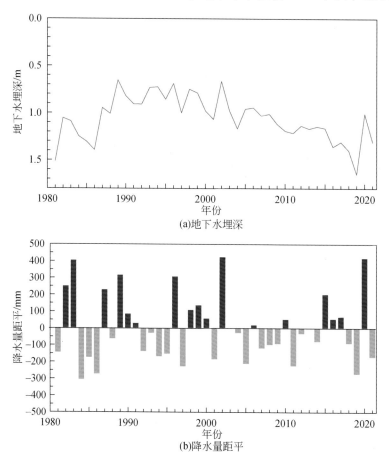

图 2.21　1981～2021 年江汉平原荆州站地下水埋深和降水量距平变化

Figure 2.21　Changing groundwater depth (a) and precipitation anomaly (b) at Jingzhou Observing Site in Jiang-Han Plain from 1981 to 2021

第3章 冰 冻 圈

冰冻圈，是指地球表层具一定厚度且连续分布的负温圈层，主要分布于高纬度和高海拔地区，其组成要素包括冰川（含冰盖）、冻土（多年冻土和季节冻土）、积雪、河冰、湖冰、海冰、冰架、冰山和海底多年冻土，以及大气圈内的冻结状水体（秦大河和丁永建，2022）。作为气候系统五大圈层之一，冰冻圈储存了地球75%的淡水资源，是全球气候变化的调控器和启动器，不同时空尺度的冰冻圈变化对大气、水资源和水循环、生态系统、陆地和海洋环境、国际地缘政治、全球和区域社会经济发展等有重要影响。中国是中低纬度冰冻圈最发育的国家，以退缩为明显特征的冰冻圈变化与气候安全、生态环境保护、重大工程建设和社会经济可持续发展等息息相关。

3.1 陆地冰冻圈

3.1.1 冰川

(1) 冰川物质平衡

冰川物质平衡是表征冰川变化（积累和消融）的重要指标，主要受控于物质和能量收支状况，其对气温、降水和地表辐射变化响应敏感（李忠勤等，2019；Xu et al.，2019）。全球参照冰川（Zemp et al.，2019）监测结果表明，1960～2021年，全球参照冰川平均物质平衡量为–445 mm/a（图3.1）。20世纪60年代，全球冰川相对稳定，参照冰川平均物质平衡量为–174 mm/a；1970～1984年，全球冰川快速消融，参照冰川平均物质平衡量为–226 mm/a；随后全球冰川消融加速，1985～2021年参照冰川平均物质平衡量达到–608 mm/a，而2012～2021年则达到–924 mm/a；2021年，全球冰川仍处于物质高亏损状态，参照冰川平均物质平衡量为–771 mm w.e.。1960～2021年，全球参照冰川平均累积物质损失已达到27.608 m w.e.。

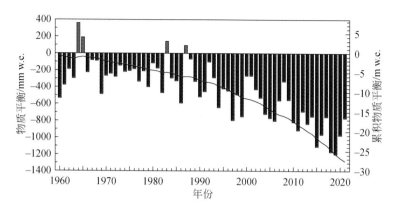

图 3.1　1960 ～ 2021 年全球参照冰川平均物质平衡（柱形图）和
累积物质平衡（曲线，相对于 1960 年）变化

资料来源：世界冰川监测服务处

Figure 3.1　Changing annual mass balances (column) and cumulative mass balances relative to 1960 (curve) of global reference glaciers from 1960 to 2021

Data source: World Glacier Monitoring Service

　　中国天山乌鲁木齐河源 1 号冰川（简称乌源 1 号冰川）（43°05′N，86°49′E）属大陆性冰川，是全球参照冰川之一（李忠勤等，2019）。观测结果表明，1960 ～ 2021 年，乌源 1 号冰川平均物质平衡量为 –357 mm/a，冰川呈加速消融趋势（图 3.2），与全球冰川总体变化相一致。1960 年以来，乌源 1 号冰川经历了两次加速消融过程：第一次发生在 1985 年，多年平均物质平衡量由 1960 ～ 1984 年的 –81 mm/a 降至 1985 ～ 1996 年

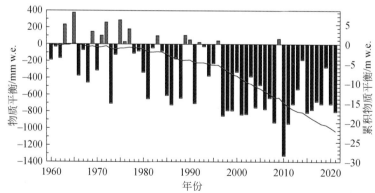

图 3.2　1960 ～ 2021 年天山乌鲁木齐河源 1 号冰川物质平衡（柱形图）和
累积物质平衡（曲线，相对于 1960 年）变化

资料来源：中国科学院天山冰川观测试验站

Figure 3.2　Changing annual mass balances (column) and cumulative mass balances relative to 1960 (curve) of Glacier No.1 at the headwaters of Urumqi River in the Tianshan Mountains from 1960 to 2021

Data source: Tianshan Glaciological Station, Chinese Academy of Sciences

的 –273 mm/a；第二次从 1997 年开始，消融更为强烈，1997～2021 年的多年平均物质平衡量降至 –673 mm/a，其中 2010 年冰川物质平衡量跌至 –1327 mm w.e.，为有观测资料以来的最低值；2011 年以来，冰川物质平衡主要表现为强消融背景下的年际波动变化。2021 年，乌源 1 号冰川物质平衡量为 –803 mm w.e.，略低于全球参照冰川平均值；1960～2021 年，乌源 1 号冰川累积物质损失 22.121 m w.e.，略小于同期全球参照冰川平均消融水平。

木斯岛冰川（47°04′N，85°34′E）位于萨吾尔山北坡，是阿尔泰山地区的参照冰川之一。自 2014 年连续系统观测以来，该冰川相对于乌源 1 号冰川物质亏损更为严重。2016～2021 年，木斯岛冰川物质平衡年际变化较大，分别为 –975 mm w.e.、–1192 mm w.e.、–1286 mm w.e.、–310 mm w.e.、–666 mm w.e. 和 –374 mm w.e.，其间平均物质平衡量为 –800.5 mm/a，物质损失水平总体高于同期乌源 1 号冰川。

老虎沟 12 号冰川（39°26′N，96°33′E）位于祁连山西段北坡，冰川长 9.85 km，面积 20.4 km²，是祁连山冰川发育区最具代表性的冰川。该冰川由东西两支构成，于海拔 4560 m 处汇合，呈北—西北向流出山谷（秦翔等，2014）。监测结果表明，1976 年，老虎沟 12 号冰川物质平衡为 330 mm w.e.（中国科学院兰州冰川冻土研究所，1988）。2010～2021 年，冰川总体呈加速消融趋势（图 3.3），平均冰川物质平衡量为 –326 mm/a，仅 2015 年表现为微弱的正物质平衡（58 mm w.e.）。2021 年，老虎沟 12 号冰川物质平衡量为 –571 mm w.e.，为该冰川有连续物质平衡观测记录以来的最低值；2010～2021 年，老虎沟 12 号冰川累积物质平衡为 –3.918 m w.e.。

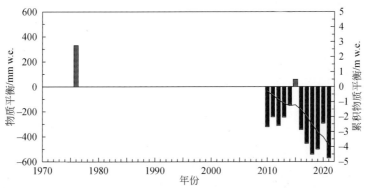

图 3.3　1976～2021 年祁连山老虎沟 12 号冰川物质平衡（柱形图）和
累积物质平衡（曲线，相对于 2010 年）变化

资料来源：中国科学院祁连山冰冻圈与生态环境综合观测研究站

Figure 3.3　Changing annual mass balances (column) and cumulative mass balances relative to 2010 (curve)

of Laohugou Glacier No.12 in the Qilian Mountains from 1976 to 2021

Data source: Qilian Observation and research Station of Cryosphere and Ecologic Environment,

Chinese Academy of Sciences

　　小冬克玛底冰川（33°04′N，92°04′E）位于青藏高原腹地唐古拉山口，是长江源区布曲流域典型的极大陆性冰川。监测结果表明，1989～2021年，小冬克玛底冰川平均物质平衡量为–287 mm/a，整体上呈加速消融趋势（图3.4）。其中，1989～1997年，小冬克玛底冰川相对稳定，平均物质平衡量为–30 mm/a；1998～2003年，冰川发生显著消融，平均物质平衡量为–315 mm/a；2004～2021年，消融加速，平均物质平衡量降至–407 mm/a，其中2010年冰川物质平衡量跌至–942 mm w.e.，为有观测资料以来的最低值。2021年，小冬克玛底冰川物质平衡量为–240 mm w.e.，物质损失明显低于乌源1号冰川、老虎沟12号冰川及全球参照冰川平均水平；1989～2021年，小冬克玛底冰川累积物质损失9.486 m w.e.，弱于同期乌源1号冰川消融强度。

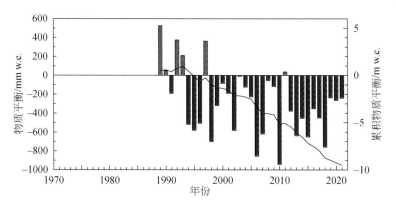

图 3.4　1989～2021年长江源区小冬克玛底冰川物质平衡（柱形图）和
累积物质平衡（曲线，相对于1989年）变化

资料来源：中国科学院冰冻圈科学国家重点实验室唐古拉冰冻圈与环境观测研究站

Figure 3.4　Changing annual mass balances (column) and cumulative mass balances relative to 1989 (curve)

of Xiao Dongkemadi Glacier in the source region of Yangtze River from 1989 to 2021

Data source: Tanggula Cryosphere and Environment Observation Station, State Key Laboratory of

Cryospheric Science, Chinese Academy of Sciences

(2) 冰川末端位置

　　冰川末端进退亦是反映冰川变化的重要指标之一，是冰川对气候变化的综合及滞后响应。1980年以来，乌源1号冰川末端退缩速率总体呈加快趋势（图3.5）。由于强烈消融，乌源1号冰川在1993年分裂为东、西两支。监测结果表明，在冰川分裂之前的1980～1993年，冰川末端平均退缩速率为3.6 m/a；1994～2021年，东、西支平均退缩速率分别为5.0 m/a和5.8 m/a。2011年之前，西支退缩速率大于东支，之后东支加速退缩，两者退缩速率呈现出交替变化特征。2021年，乌源1号冰川东、西支分别退缩了6.5 m和8.5 m，其中西支退缩距离为1980年以来的最大值。

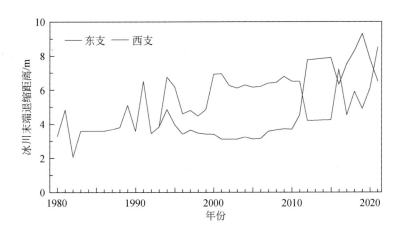

图 3.5　1980～2021 年中国天山乌鲁木齐河源 1 号冰川末端退缩距离

资料来源：中国科学院天山冰川观测试验站

Figure 3.5　Retreating distance of the front of Glacier No.1 at the headwaters of Urumqi River in

Tianshan Mountains from 1980 to 2021

Data source: Tianshan Glaciological Station, Chinese Academy of Sciences

1989～2017 年，阿尔泰山区木斯岛冰川的平均退缩速率为 11.5 m/a，高于同期乌源 1 号冰川的平均退缩速率。2017～2020 年，木斯岛冰川末端分别退缩了 9.5 m、10.9 m、7.6 m 和 9.9 m；2021 年，冰川末端退缩 9.4 m，与 2020 年基本持平。

1960～2021 年，祁连山老虎沟 12 号冰川末端位置退缩了 488.8 m，平均退缩速率为 8.0 m/a。20 世纪 60 年代至 80 年代初，老虎沟 12 号冰川退缩速率有所减缓；80 年代中期为阶段性的冰川末端相对稳定期（杜文涛等，2008）；之后冰川末端退缩速率增大，其中 2012 年末端退缩距离最大，为 28.5 m。2021 年，老虎沟 12 号冰川末端位置退缩 13.8 m。

长江源区冬克玛底冰川因强烈消融于 2009 年分裂为大、小冬克玛底冰川。2009～2021 年，大、小冬克玛底冰川末端平均退缩速率分别为 8.1 m/a 和 6.7 m/a，退缩速率总体呈明显的上升趋势。2021 年，大冬克玛底冰川末端退缩了 11.9 m，退缩距离为有观测记录以来的最大值；而小冬克玛底冰川末端位置无明显变化。

3.1.2　冻土

多年冻土是冰冻圈的重要组成部分。青藏高原是全球中纬度面积最大的多年冻土分布区（程国栋等，2019），多年冻土的存在和变化对区域气候、碳循环、生态环境和水资源安全、寒区重大工程建设和安全运营等产生显著影响。活动层是覆盖于多年冻土之上冬季冻结夏季融化的土（岩）层，是多年冻土与大气之间水热交换的界面。活动层厚度是多年冻土变化最直观的监测指标之一，其变化是多年冻土区陆面水热综合作用的结果。青藏公路沿线（昆仑山垭口至两道河段）多年冻土区 10 个活动层观测场监测结果显示：1981～2021 年，活动层厚度呈显著增加趋势（图 3.6），平均每 10 年增厚 19.6 cm。2004～2021 年，活动层底部（多年冻土上限）温度呈显著的上升趋势，平均每 10 年升高 0.29℃。2021 年，青藏公路沿线多年冻土区平均活动层厚度为 250 cm，较 2020 年增厚 13 cm，为有连续观测记录以来的最高值；多年冻土区活动层底部平均温度为 –1.1℃，较 2020 年升高 0.3℃。综合分析表明，青藏公路沿线多年冻土呈现明显的退化趋势。

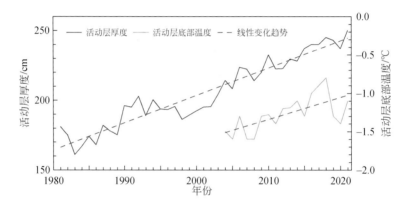

图 3.6　青藏公路沿线多年冻土区活动层厚度和活动层底部温度变化
资料来源：中国科学院青藏高原冰冻圈观测研究站
Figure 3.6　Changing active layer thickness and bottom temperature of active layer in the permafrost zone along the Qinghai-Xizang Highway
Data source: The Cryosphere Research Station on the Qinghai-Xizang Plateau, Chinese Academy of Sciences

西藏中东部地区 15 个气象站点季节冻土最大冻结深度监测结果显示，1961～2021 年，最大冻结深度总体呈减小趋势（图 3.7），平均每 10 年减小 6.4 cm，且阶段性变化特征明显。20 世纪 60～80 年代中期，最大冻结深度以较大幅度的年际波动为主，80 年代后期以来呈显著减小趋势，1998 年以来持续小于常年值。2021 年，西藏中东部地区季节冻土最大冻结深度较常年值偏小 24.8 cm，为 1961 年以来的最小值。

东北地区 109 个气象站点季节冻土最大冻结深度监测结果显示，1961～2021 年，区域平均最大冻结深度呈减小趋势（图 3.8），平均每 10 年减小 5.2 cm。2021 年，东北地区季节冻土最大冻结深度较常年值偏小 2.0 cm。

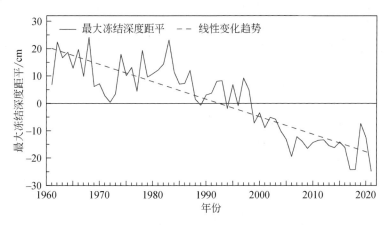

图 3.7　1961 ～ 2021 年西藏中东部地区季节冻土最大冻结深度距平

Figure 3.7　Anomalies of maximum frozen depth for seasonal frozen ground in central and eastern Xizang

from 1961 to 2021

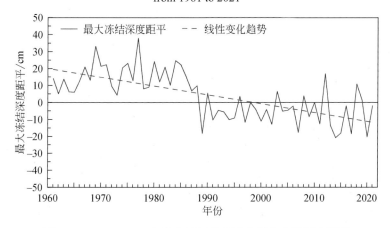

图 3.8　1961 ～ 2021 年东北地区季节冻土最大冻结深度距平

Figure 3.8　Anomalies of maximum frozen depth for seasonal frozen ground in Northeast China

from 1961 to 2021

3.1.3　积雪

积雪是冰冻圈的重要组成部分,存在着显著的季节和年际变化,其空间分布、属性及积雪期变化对大气环流和气候变化响应迅速(张廷军和车涛,2019)。卫星监测表明,2002 ～ 2021 年,中国主要积雪区平均积雪覆盖率年际振荡明显,其中,东北 – 内蒙古积雪区和新疆积雪区平均积雪覆盖率均呈弱的下降趋势;青藏高原积雪区平均积雪覆盖率略有增加(图 3.9)。2021 年,东北 – 内蒙古积雪区和新疆积雪区积雪覆盖率分别为 51.8% 和 35.3%,均较 2002 ～ 2020 年平均值略偏高;青藏高原积雪区积雪覆盖率为 33.8%,与 2002 ～ 2020 年平均值基本持平。

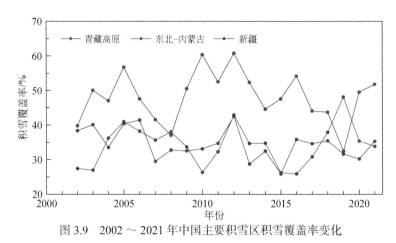

图 3.9　2002 ～ 2021 年中国主要积雪区积雪覆盖率变化

Figure 3.9　Snow cover fraction in major snow-covered regions in China from 2002 to 2021

　　积雪日数监测显示，2021 年，全国平均积雪日数 21.1 天，东北 – 内蒙古、新疆、青藏高原积雪区平均积雪日数分别为 51.1 天、28.7 天和 20.1 天。内蒙古中东部、阿尔泰山、天山、昆仑山西部、喜马拉雅山脉西北部等地积雪日数超过 90 天，局部超过 120 天（图 3.10）。

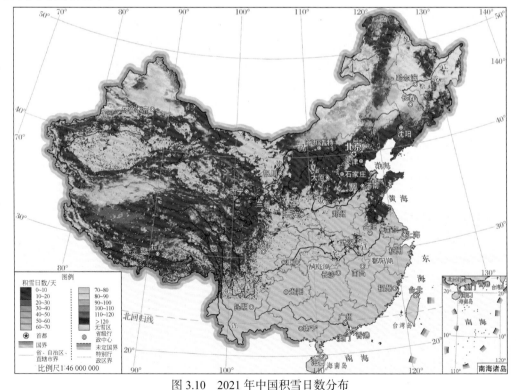

图 3.10　2021 年中国积雪日数分布

Figure 3.10　Distribution of the number of snow cover days in China in 2021

与 2002 ～ 2020 年平均值相比，2021 年，全国平均积雪日数偏多 2.9 天，东北 – 内蒙古和新疆积雪区平均积雪日数分别偏多 9.9 天和 1.4 天，青藏高原积雪区平均积雪日数偏少 0.9 天。内蒙古中部、东北地区中部、新疆北部，青藏高原西北部积雪日数偏多超过 20 天；内蒙古东部、东北地区南部、青藏高原中东部和西南部、新疆南部部分地区积雪日数偏少 20 天以上（图 3.11）。

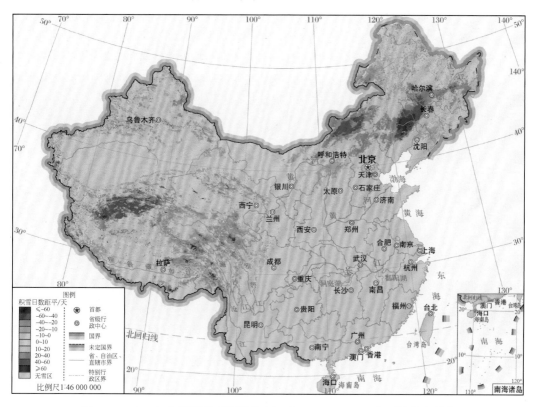

图 3.11　2021 年中国积雪日数距平（相对于 2002 ～ 2020 年平均值）分布
Figure 3.11　Distribution of anomaly of the snow cover days (relative to 2002-2020 average) in China in 2021

3.2　海洋冰冻圈

3.2.1　北极海冰

海冰作为冰冻圈系统的重要成员，其高反照率和对海洋大气间热量和水汽交换的抑制作用，以及海冰生消所伴随的潜热变化，对高纬地区海洋大气的热量收支和海洋生态环境产生重要影响。海冰范围、厚度和密集度的季节和年际变化直接引起高纬地区大气环流变化，并通过遥相关与复杂的反馈过程影响中、低纬地区的天气气候系统。

北极海冰范围（海冰密集度 ≥ 15% 的区域）通常在 3 月和 9 月分别达到其最大值和最小值。1979 ～ 2021 年，北极海冰范围呈一致性的下降趋势，3 月和 9 月海冰范围平均每 10 年分别减少 2.6% 和 12.7%。2021 年 3 月，北极海冰范围是 1464 万 km²［图 3.12（a）］，较常年值偏小 5.1%；2021 年 9 月，北极海冰范围为 492 万 km²［图 3.12（b）］，较常年值偏小 23.2%。

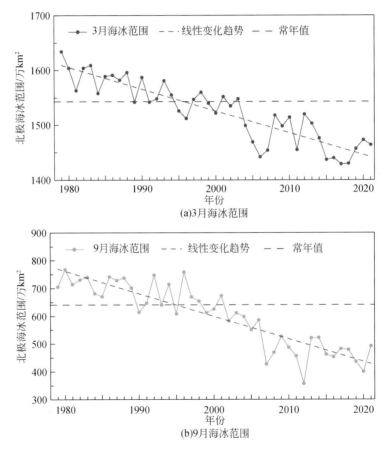

图 3.12　1979 ～ 2021 年 3 月和 9 月北极海冰范围变化

资料来源：美国国家冰雪数据中心

Figure 3.12　Variation of (a) March and (b) September sea ice extent in the Arctic from 1979 to 2021

Data source: National Snow and Ice Data Centre

3.2.2　南极海冰

南极海冰范围通常在 9 月和 2 月分别达到其最大值和最小值。1979 ～ 2021 年，南极海冰范围无显著的线性变化趋势，年际变化幅度加大，且阶段性变化特征明显，其中，1979～2015 年，南极海冰范围波动上升，但 2016 年以来海冰范围总体以偏小为主。2021 年 9 月，南极海冰范围为 1845 万 km² ［图 3.13（a）］，较常年值略偏小；2021 年 2 月，南极海冰范围为 283 万 km² ［图 3.13（b）］，较常年值偏小 7.8%。

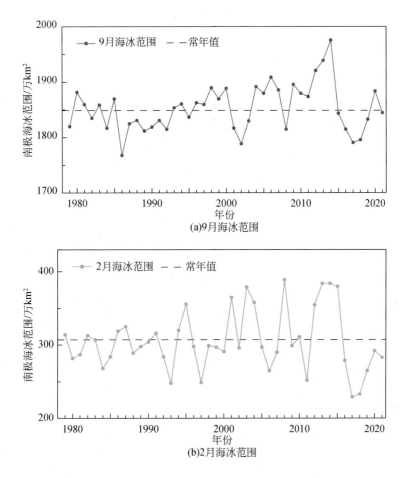

(a)9月海冰范围

(b)2月海冰范围

图 3.13　1979～2021 年 9 月和 2 月南极海冰范围变化

资料来源：美国国家冰雪数据中心

Figure 3.13　(a) September and (b) February sea ice extent in the Antarctic from 1979 to 2021

Data source: National Snow and Ice Data Centre

3.2.3　渤海海冰

中国海冰主要出现在每年冬季的渤海，对海洋生态环境以及海洋渔业、海上交通运输、海上工程、海上石油生产和沿海水产养殖等均有重要影响。该区域是全球纬度最低的结冰海域，其冰情演变过程可分为初冰期、发展期和终冰期三个阶段。

风云卫星海冰遥感监测显示，2020/2021 年冬季，渤海海冰初冰日出现于 2020 年 12 月上旬，终冰日出现于 2021 年 2 月下旬，冰情较 1991～2020 年平均水平偏轻，属轻冰年（图 3.14）。2020/2021 年冬季，渤海全海域最大海冰面积为 16781 km²，出现于 2021 年 1 月 8 日，较 1991～2020 年冬季最大海冰面积平均值偏小 8.3%，辽东湾、渤海湾、莱州湾均有明显冰情，海冰主要出现于辽东湾的东北部、北部和西部，渤海湾沿线以及莱州湾西北部（图 3.15）。

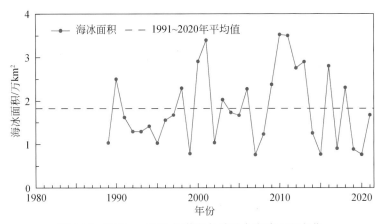

图 3.14　1989～2021 年渤海冬季最大海冰面积变化

Figure 3.14　Variation of winter maximum sea ice area in Bohai Sea from 1989 to 2021

图 3.15　2020/2021 年冬季渤海最大海冰面积监测图（FY-3D/MERSI，2021 年 1 月 8 日）

Figure 3.15　Maximum Bohai sea ice area in winter (FY-3D/MERSI) on 8 January 2021

第4章 生 物 圈

　　地球上的全部生物及其无机环境的总和构成地球上最大的生态系统——生物圈。陆地占地球表面的 29%，陆地生态系统可为人类生存和发展提供不可或缺的自然资源。气候要素是决定陆地生态系统分布、结构及功能的主要因素，而陆地生态系统通过调节水循环、碳氮循环和能量流动过程从而影响整个气候系统，同时对水资源、粮食安全、环境和众多行业领域产生深远的影响。海洋约占地球表面积的 71%，其丰富的生物多样性以及海洋生物赖以生存的海洋环境构成了海洋生态系统，其可划分为近岸海洋生态系统和大洋生态系统。近岸海洋生态系统又可分为珊瑚礁、红树林、海草床、盐沼等生态系统。海洋生态系统中蕴藏着丰富的资源，在调节全球气候方面起着重要的作用。全球气候变暖背景下，海洋生态系统正受到海水温度升高和海水酸化等的严重威胁。综合利用地面观测和卫星遥感资料开展对地表温度、土壤湿度、物候及生物地球化学循环等多尺度陆面过程关键要素或变量和珊瑚礁、红树林等典型海洋生态系统的监测，是科学认识生物圈变化与生态系统碳汇演化规律、保障生态文明建设和区域气候变化适应的重要前提。

4.1　陆地生物圈

4.1.1　地表温度

　　1961 ～ 2021 年，中国年平均地表温度（0 cm 地温）呈显著上升趋势（图 4.1），升温速率为 0.34℃ /10a。20 世纪 60 年代至 70 年代中期，中国年平均地表温度呈阶段性下降趋势（Wang et al.，2017），之后中国年平均地表温度呈明显上升趋势；尤其是 2001 年以来，中国年平均地表面温度持续高于常年值。2021 年，中国年平均地表温度较常年值偏高 1.11℃，为 1961 年以来的最高值。

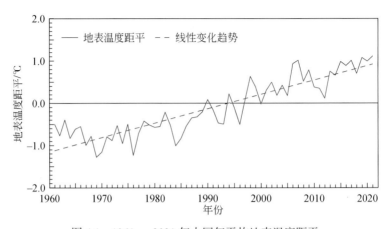

图 4.1　1961～2021 年中国年平均地表温度距平

Figure 4.1　Annual mean land surface temperature anomalies in China from 1961 to 2021

2021 年，中国大部地区地表温度较常年值偏高（图 4.2），东北大部、华北地区西北部、黄淮南部、江淮中东部、江南大部、华南中东部、西南地区西北部、青藏高原

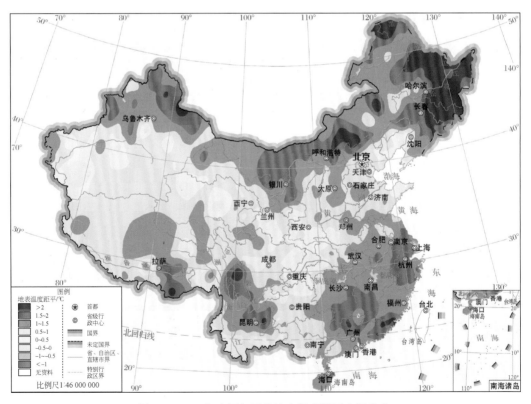

图 4.2　2021 年中国年平均地表温度距平空间分布

Figure 4.2　Distribution of annual mean land surface temperature anomalies in China in 2021

中部部分地区、西北地区北部地表温度偏高 1℃以上，其中黑龙江中东部、吉林东北部和内蒙古中东部局部地区偏高 2℃以上；新疆西南部、西藏东南部、四川东部和重庆北部局部地区地表温度偏低 0 ～ 1℃。

4.1.2 土壤湿度

1993 ～ 2021 年，中国不同深度（10 cm、20 cm 和 50 cm）年平均土壤相对湿度总体呈增加趋势，且随着深度的增加，土壤相对湿度增大（图 4.3）。从阶段性变化来看，20 世纪 90 年代至 21 世纪初，土壤相对湿度呈减小趋势，之后呈波动上升趋势。2021 年，中国 10 cm、20 cm 和 50 cm 深度年平均土壤相对湿度分别为 71%、75% 和 78%，较 2020 年依次减小 4%、3% 和 3%。

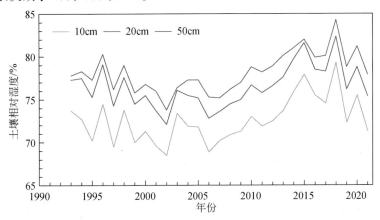

图 4.3　1993 ～ 2021 年中国年平均土壤相对湿度

Figure 4.3　Annual mean relative soil moisture in China from 1993 to 2021

4.1.3 陆地植被

(1) 植被覆盖

2000 ～ 2021 年，中国年平均归一化植被指数（NDVI）（刘良云，2014）呈显著上升趋势（图 4.4），全国整体的植被覆盖稳定增加，呈现变绿趋势。2021 年，中国平均 NDVI 达到 0.384，为 2000 年以来的最高值，较 2001 ～ 2020 年平均值上升 7.9%，较 2016 ～ 2020 年平均值上升 2.5%。

2021 年，东北东部和西北部、内蒙古东部、江汉大部、江南、华南、西南地区东部和南部、青藏高原东南部、西北地区东南部及新疆北部部分地区年平均 NDVI 超过 0.6［图 4.5（a）］，植被覆盖明显好于其他地区；内蒙古中西部、西北中西部大部以及青藏高原西北部年平均 NDVI 低于 0.2，植被覆盖相对较差。

与 2001～2020 年平均值相比，2021 年我国中东部大部植被长势以偏好为主［图 4.5（b）］，植被覆盖偏好的区域（NDVI 增幅超过 0.02）占全国陆地总面积的 50.2%，植被略偏差的区域（NDVI 降幅超过 0.02）占 7.7%，两者占比均与 2020 年持平。

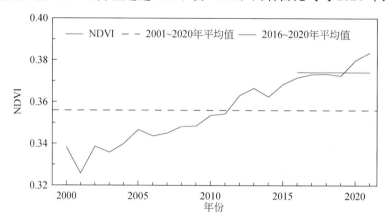

图 4.4　2000～2021 年卫星遥感（EOS/MODIS）中国年平均归一化植被指数

Figure 4.4　Annual mean normalized difference vegetation index (NDVI) in China using EOS/MODIS data from 2000 to 2021

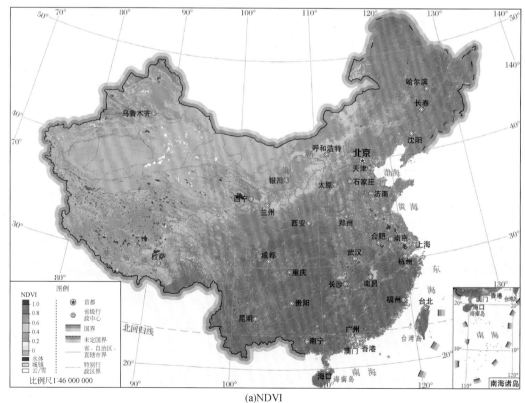

(a)NDVI

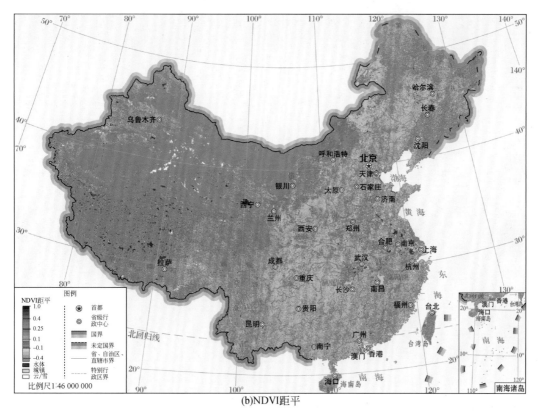

(b)NDVI距平

图 4.5　卫星遥感（EOS/MODIS）监测 2021 年中国归一化植被指数及距平

（相对于 2001～2020 年平均值）

Figure 4.5　Distribution of (a) the NDVI and (b) anomalies (relative to 2001-2020 average)

in China using EOS/MODIS data in 2021

(2) 植物物候

物候主要指动、植物循环发生的生命周期阶段（Demarée and Rutishauser, 2011），是综合性的环境变化指示器（Schwartz, 2013），能敏感反映气候环境基本状态及变化趋势，常被用作气候变化对生态系统影响的独立证据（Ge et al., 2015；Dai et al., 2014）。中国物候观测网于 1963 年开始全国性植物物候期观测（Dai et al., 2014），主要观测区域代表性木本植物的萌动、展叶、开花、果实成熟、叶变色和落叶等生物过程中的 18 个典型物候期。其中，展叶始期和落叶始期分别是春季和秋季物候期较为典型的代表。

华北地区北京站的玉兰（*Magnolia denudata*）、东北地区沈阳站的刺槐（*Robinia pseudoacacia*）、华东地区合肥站的垂柳（*Salix babylonica*）、西南地区桂林站的枫香树（*Liquidambar formosana*）和西北地区西安站的色木槭（*Acer pictum*）5 种区域代表性植物的长序列物候观测资料显示：1963～2021 年，5 个站点代表性树种的展叶期始期均呈显著的提前趋势（图 4.6），北京站玉兰、沈阳站刺槐、合肥站垂柳、桂林站枫香树和西安站色木槭展叶期始期平均每 10 年分别提前 3.5 天、1.5 天、2.5 天、3.0 天和 2.8 天。2021 年，北京、沈阳、合肥、桂林和西安 5 个站点代表性树种的春季物候期均较常年值偏早，展叶期始期分别偏早 12 天、9 天、18 天、17 天和 13 天。

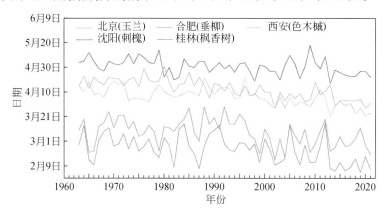

图 4.6 1963～2021 年中国不同地区代表性植物展叶期始期变化

数据来源：中国物候观测网

Figure 4.6 Changing first leaf date of typical plants by region in China from 1963 to 2021

Data source: Chinese Phenological Observation Network

与春季物候期相比，各站点代表性植物落叶期始期变化年际波动较大（图 4.7）。1963～2021 年，沈阳站刺槐和合肥站垂柳落叶期始期呈显著推迟趋势，平均每 10 年分别推迟 1.3 天和 4.7 天；北京站玉兰和西安站色木槭落叶期始期均呈不显著的推迟趋

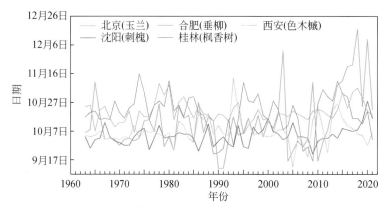

图 4.7 1963～2021 年中国不同地区代表性植物落叶期始期变化

数据来源：中国物候观测网

Figure 4.7 Changing beginning date of leaf-falling of typical plants by region in China from 1963 to 2021

Data source: Chinese Phenological Observation Network

势；桂林站枫香树落叶始期呈不显著提前趋势。2021 年，沈阳站刺槐和合肥站垂柳落叶始期较常年值分别偏晚 12 天和 8 天，北京站玉兰、桂林站枫香树和西安站色木槭落叶始期较常年值分别偏早 2 天、18 天和 1 天。

(3) 农田生态系统二氧化碳通量

寿县国家气候观象台（32°26′N，116°47′E）于 2007 年建成近地层二氧化碳通量观测系统，下垫面为水稻和冬小麦轮作农田，为中国东部季风区典型农田生态系统温室气体通量变化和碳循环过程监测评估提供基础数据（段春锋等，2020）。2007～2021 年，寿县国家气候观象台观测的农田生态系统（稻茬冬小麦和一季稻）主要表现为二氧化碳净吸收。2021 年，二氧化碳通量为 –1.92 kg/（m²·a），净吸收较 2011～2020 年平均值偏少 0.64 kg/（m²·a）。

2011～2020 年的平均状况分析表明，寿县国家气候观象台农田生态系统二氧化碳排放与吸收呈双峰型动态特征（图 4.8），与作物生育阶段密切关联。早春，随冬小麦返青生长，二氧化碳通量逐渐表现为净吸收，并随着冬小麦生长发育而增强；6 月，随着小麦的成熟收割、腾茬、水稻种植（插秧），下垫面的呼吸与分解使得二氧化碳通量表现为净排放；之后水稻进入生长期，二氧化碳通量再次表现为净吸收，直至 10 月上旬水稻成熟；而水稻收获期、冬小麦播种与出苗期，二氧化碳通量基本表现为弱排放，12 月冬小麦进入越冬期，二氧化碳通量表现为弱吸收。

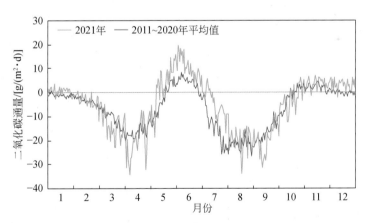

图 4.8　寿县国家气候观象台农田生态系统二氧化碳通量逐日变化

Figure 4.8　Changing daily carbon dioxide flux in agro-ecosystem observed at Shouxian National Climatology Observatory

与 2011～2020 年平均值相比，2021 年冬小麦生长季中 1 月至 5 月中旬农田生态系统二氧化碳通量净吸收接近多年平均值；水稻生长季（7 月至 10 月上旬）二氧化碳通量净吸收减少18%；作物收获腾茬和种植阶段，6月二氧化碳通量净排放增加169%，10月中旬至11月净排放接近多年平均值。2021年农田生态系统二氧化碳通量净吸收的下降主要受6月和11～12月降水异常偏少影响。6月寿县降水量47.6mm，较常年偏少71%，出现轻–中度气象干旱，造成作物腾茬时间明显延长，二氧化碳通量净排放显著增加；水稻移栽时间从正常的6月中旬推迟到6月28日，影响了水稻的生长发育，导致水稻生长季前期二氧化碳通量净吸收明显减少。此外，11月8日至12月31日，寿县降水量仅3 mm，较常年偏少95%，为1961年以来同期第二少；12月寿县出现长时间中度气象干旱，造成12月小麦越冬期二氧化碳净排放达到0.1 g/（m^2·d）。

4.1.4　区域生态气候

(1) 石羊河流域荒漠化

石羊河流域位于河西走廊东部，是西北地区气候变化敏感区和生态脆弱区。卫星遥感监测显示，2005～2021年，石羊河流域荒漠面积呈显著减小趋势（图4.9）。2021年，流域荒漠面积1.52万 km^2，较2005～2020年平均值减少8.5%。2005～2021年，石羊河流域总体处于降水偏多的年代际背景下，加之2006年启动人工输水工程，受气候因素和工程治理措施的共同影响，流域生态环境明显趋于好转。

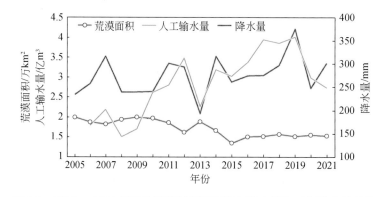

图 4.9　2005～2021 年石羊河流域荒漠面积与降水量和工程输水量变化

Figure 4.9　Changing desert area relative to annual precipitation and engineering water volume in the Shiyang River Basin from 2005 to 2021

石羊河流域沙漠边缘进退速度主要受风的动力作用（受控于风向、风速和大风日数等风场要素）影响。2005～2021年，石羊河流域沙漠边缘外延速度总体趋缓，但个别年份波动幅度较大；凉州区东沙窝监测点沙漠边缘外延速度明显减缓（图4.10）。

2005 ～ 2021 年，民勤县蔡旗监测点和凉州区东沙窝监测点沙漠边缘向外推进的平均速度为 3.0 m/a 和 1.1 m/a；2021 年，民勤县蔡旗监测点和凉州区东沙窝监测点沙漠边缘分别外推了 5.3 m 和 1.0 m。

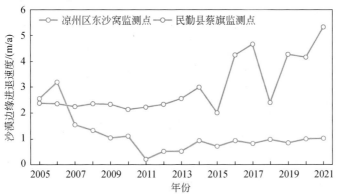

图 4.10　2005 ～ 2021 年石羊河流域沙漠边缘进退速度变化

Figure 4.10　Changing speed of the advancing and retreating desert rims in the Shiyang River Basin from 2005 to 2021

(2) 岩溶区石漠化

石漠化是广西岩溶区突出的生态问题，主要分布于广西西北部和中部。据全国岩溶地区第三次石漠化监测结果：广西石漠化土地面积为 1.53 万 km^2，占广西岩溶区总面积的 18.40%；其中轻度、中度、重度和极重度石漠化土地面积分别占 14.59%、30.01%、52.43% 和 2.97%。近年来，随着石漠化综合治理工程实施以及区域内良好的水热条件，广西石漠化土地面积持续减少，岩溶区生态状况稳步向好（Chen et al.，2021）。

卫星遥感监测显示，2000 ～ 2021 年，广西石漠化区秋季 NDVI 呈波动增加趋势（图 4.11）；植被覆盖明显改善的地区占石漠化区总面积的 28.3%，主要分布

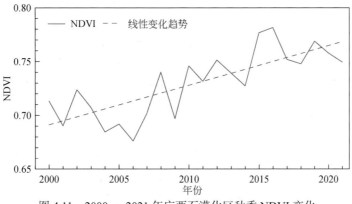

图 4.11　2000 ～ 2021 年广西石漠化区秋季 NDVI 变化

Figure 4.11　Changing NDVI in autumn in Guangxi rockification areas from 2000 to 2021

于来宾市大部、柳州市南部和桂林市东北部；改善不明显或变差的区域主要分布于桂林市辖区及南部、南宁市中西部和崇左市；植被退化明显的地区占石漠化区总面积的 11.3%（图 4.12）。2021 年，广西石漠化区总体气候条件较好，利于植被生长，但 8 月较大范围夏旱造成植被生长受阻；广西石漠化区秋季 NDVI 为 0.75，较 2001 ～ 2020 年平均值上升 2.7%。

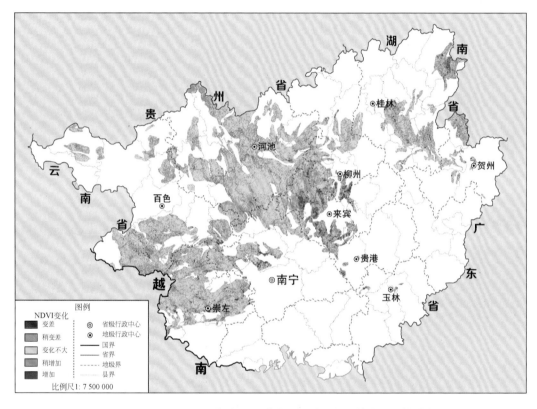

图 4.12　2000 ～ 2021 年广西石漠化区秋季植被指数变化趋势分布

Figure 4.12　Distribution of changing NDVI in autumn in Guangxi rockification areas from 2000 to 2021

4.2　海洋生物圈

4.2.1　珊瑚礁生态系统

以造礁珊瑚为框架的珊瑚礁生态系统是热带和亚热带海洋最突出、最具有代表性的生态系统，被誉为"海洋中的热带雨林"，是地球上生产力和生物多样性最高的海洋生态系统之一。中国珊瑚礁生态系统主要分布在华南沿海、海南岛和南海诸岛等地，珊瑚礁面积约 3.8 万 km^2（黄晖等，2021）。珊瑚礁生态系统对于维持海洋生态平衡、渔业资源再生、生态旅游观光以及保礁护岸等都至关重要，具有重要的生态学功能和社会经济价值。近几十年来由于遭受全球气候变化和人类活动的双重压力，全球范围内的珊瑚礁出现了严重的退化趋势（IPCC，2019），珊瑚覆盖率逐年下降。过去 30 年，中国南海尤其是近岸区域的活造礁石珊瑚覆盖率下降了 80%（黄晖等，2021）。

过去 40 年，中国南海夏季海洋热浪呈持续时间更长、范围更广、强度更大的变化趋势；2010～2019 年，极端海洋热浪的发生概率是 20 世纪 80 年代的 4 倍以上（Tan et al.，2022）。南海北部是全球典型的亚热带珊瑚礁和珊瑚的典型边际生境，2020年夏季南海北部发生了严重的海洋热浪并造成大面积珊瑚白化事件。野外调查研究显示：2020 年，由于上升流的缓解效应，三亚海域珊瑚白化率仅为 13%；而在涠洲岛、徐闻和临高等海域珊瑚白化率为 80%～88%，且这些区域的珊瑚种类均以对高温相对耐受的团块型珊瑚为主，如滨珊瑚属、角孔珊瑚属、扁脑珊瑚属、角蜂巢珊瑚属等，但其仍无法经受海洋热浪的严重威胁（Mo et al.，2022）。2021 年夏季，海南临高（19°55′N，109°32′E）和西沙群岛北礁（17°04′N，111°30′E）海域的海表温度与2020 年同期相比发生明显降低（图 4.13），南海海域未发生明显的珊瑚热白化事件。

4.2.2　红树林生态系统

红树林是生长在热带、亚热带海岸潮间带或河流入海口的湿地木本植物群落（林鹏，1997），在维持滨海生态稳定和海陆能量循环中起着重要的作用，是海岸带"蓝碳"生态系统的重要组成部分。同时，红树林因具有防风消浪、促淤造陆、净化水质，为

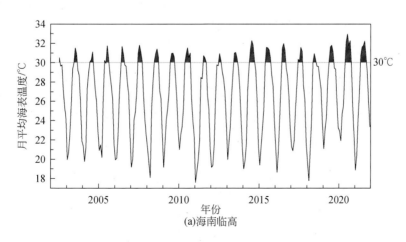

(a) 海南临高

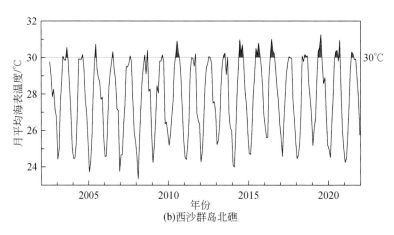

(b)西沙群岛北礁

图 4.13　2003～2021 年海南临高和西沙群岛北礁海域月平均海表温度变化

数据来源：美国国家海洋与大气管理局

Figure 4.13　Monthly mean SST at Lingao, Hainan (a) and Beijiao, the Xisha Islands (b) from 2003 to 2021

Date source: US National Oceanic and Atmospheric Administration

人类提供社会经济产品，为水禽提供栖息地，为鱼、虾、蟹、贝类营造生长繁殖环境等生态功能和价值，被列为国际湿地生态保护和生物多样性保护的重要对象（贾明明等，2021）。

　　中国红树林分布的南界是海南省三亚市（18°12′N），自然分布的北界为福建省福鼎市（27°20′N），而人工引种的北界是浙江省舟山市（29°32′N），跨浙江、福建、台湾、广东、广西、海南、香港和澳门 8 个省（自治区、特别行政区）。20 世纪 50 年代，中国红树林分布面积约为 420 km²（廖宝文和张乔民，2014）。卫星遥感监测显示，1973～2020 年，中国红树林面积总体呈先减少后增加的趋势（图 4.14）。由于农田和

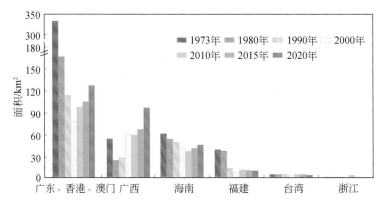

图 4.14　中国红树林主要分布省（自治区、特别行政区）的面积变化

Figure 4.14　Changing area of mangrove by province (autonomous region, special administrative region) in China

养殖池扩张等因素，1973 ～ 2000 年，中国红树林面积减少了 302 km²；2000 ～ 2020 年，红树林面积增加了 94 km²；2020 年，中国红树林总面积基本恢复至 1980 年水平。其中，广东、香港和澳门红树林面积变化最为剧烈，1973 ～ 1980 年红树林面积急剧减少；1980 ～ 2000 年红树林面积继续降低；2000 ～ 2020 年面积稳步增长，至 2020 年面积增至 127 km²，已恢复至 1990 年水平。1973 ～ 2020 年，广西红树林面积波动增加，至 2020 年沿海红树林面积达到 96 km²，已超过 1973 年的水平。

第5章 气候变化驱动因子

气候变化的主要驱动力来自地球气候系统之外的外强迫因子以及气候系统内部因子间的相互作用。自然强迫因子包括太阳活动、火山活动和地球轨道参数等。工业化时代人类活动通过化石燃料燃烧向大气排放温室气体，以及通过排放气溶胶改变自然大气的成分构成，从而影响地球大气辐射收支平衡；同时，大范围土地覆盖和土地利用方式变化，会改变下垫面特征，导致地气之间能量、动量和水分传输的变化，进而影响全球及区域气候变化。

5.1 太阳活动与太阳辐射

5.1.1 太阳黑子

太阳活动既有 11 年左右的长周期变化，也存在几分钟到几十分钟的短时爆发过程。通常用太阳黑子相对数来表征太阳活动长周期水平的高低，并将 1755 年太阳黑子数最少时开始的活动周称作太阳的第 1 个活动周（Clette and Lefèvre，2016）。观测显示，目前太阳活动已经进入第 25 周的上升阶段，预计其总体活动水平与第 24 周（已于 2019 年 12 月结束）大致相当，峰值将出现于 2024～2025 年。2021 年，太阳黑子相对数年平均值为 29.7 ± 29.7，明显高于 2020 年（8.8 ± 14.2）和 2019 年（3.6 ± 7.1），略高于第 24 周同期水平（2010 年太阳黑子相对数 24.9 ± 16.1）（图 5.1）。

5.1.2 太阳辐射

1961～2021 年，中国陆地表面平均接收到的年总辐射量趋于减少，平均每 10 年减少 8.1（kW·h）/m²，且阶段性特征明显。20 世纪 60 年代至 80 年代中期，中国平均年总辐射量总体处于偏多阶段（Liu et al., 2015），且年际变化较大；20世纪90年代以来，总辐射量处于偏少阶段，年际变化也较小（图5.2）。2021年，中国平均年总辐射量为1493.4（kW·h）/m²，较常年值偏少31.5（kW·h）/m²。

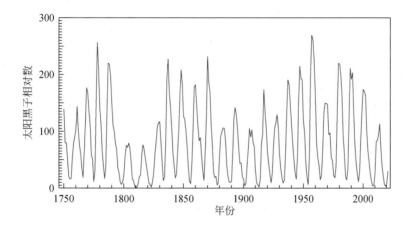

图 5.1　1750～2021年太阳黑子相对数年平均值变化

资料来源：世界太阳黑子指数和长期太阳观测数据中心，比利时皇家天文台

Figure 5.1　Changing annual mean relative sunspot numbers from 1750 to 2021

Data source: World Data Centre SILSO, Royal Observatory of Belgium, Brussels

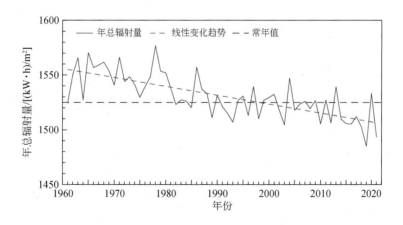

图 5.2　1961～2021年中国平均年总辐射量

Figure 5.2　Annual mean total solar radiation in China from 1961 to 2021

2021年，我国华北西北部、华南南部、西南中西部、青藏高原和西北大部地区年总辐射量超过1400（kW·h）/m²，其中内蒙古西北部、西藏西南部、青

海西北部及四川西部部分地区年总辐射量超过 1750（kW·h）/m²，为太阳能资源最丰富区；河北西北部、山西北部、内蒙古中西部、海南、四川中西部、云南大部、西藏东部、陕西北部、甘肃中西部、宁夏、青海大部和新疆大部总辐射量1400～1750（kW·h）/m²，为太阳能资源很丰富区；湖北西南部、湖南西北部、重庆大部、贵州中东部和四川东南部年总辐射量不足 1050（kW·h）/m²，为太阳能资源一般区［图 5.3（a）］。

与常年值相比，2021 年，长江流域以北地区年总辐射量偏低，其中东北大部、华北中北部、江汉大部、青藏高原东北部和西北地区东南部偏低超过 5%；江南南部、华南大部、西南地区中北部和西南部及西藏东南部、新疆东北部部分地区年总辐射量偏高，福建南部、广东大部、广西东部、云南西北部、四川西南部和东北部以及新疆东部部分地区局部偏高 5% 以上［图 5.3（b）］。

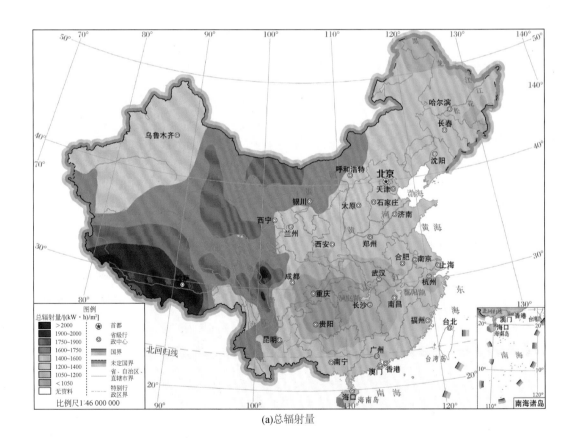

(a)总辐射量

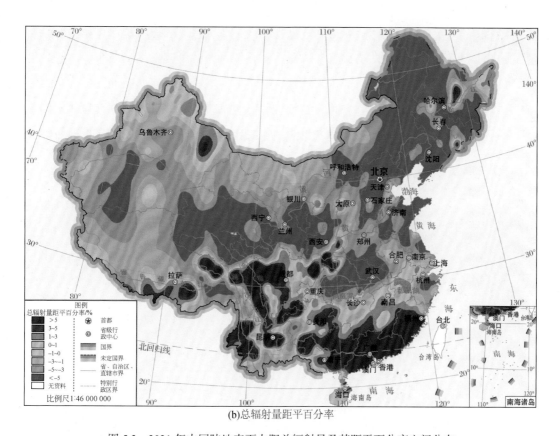

(b)总辐射量距平百分率

图 5.3　2021 年中国陆地表面太阳总辐射量及其距平百分率空间分布

Figure 5.3　Distribution of (a) the total radiation and (b) its anomaly by percentage in China in 2021

5.2　火山活动

2021 年，无大型火山持续性爆发。全球范围内活跃的火山包括加勒比海的圣文森特岛火山（Soufrière St.Vincent Volcano），印度尼西亚的锡纳朋火山（Sinabung Volcano）、塞梅鲁火山（Semeru Volcano）、杜科诺火山（Dukono Volcano），俄罗斯的埃贝科火山（Ebeko Volcano），汤加洪阿哈阿帕伊岛火山（Hunga Tonga-Hunga Ha'apai Volcano），哥斯达黎加林孔德拉别哈火山（Rincón de la Vieja Volcano），日本福冈的福德冈之场火山（Fukutoku-Okanoba Volcano）等。

圣文森特岛火山（13.33°N，61.18°W；海拔 1220 m）是加勒比海小安的列斯群岛南部的复式火山，其显著的喷发活动记录分别发生在 1812 年、1902 年和 1979 年（Global Volcanism Program，2021）。在休眠 40 多年后，圣文森特岛火山于 2021 年 4 月 9 日

（北京时，下同）开始喷发。风云三号 D 星（FY-3D）火山灰云监测图显示：4 月 11 日 00:45，火山喷发出的大量土黄色火山灰在高空偏西风的影响下逐渐向东部海区呈扇形扩散，其中部分火山灰上层有薄云覆盖（图 5.4）；利用红外数据估算，火山灰主体高度在 8 ～ 12 km，最高高度达 17.4 km。4 月 13 日，火山口仍有间断的喷发，火山灰云最远已扩散至圣文森特以东约 1200 km。

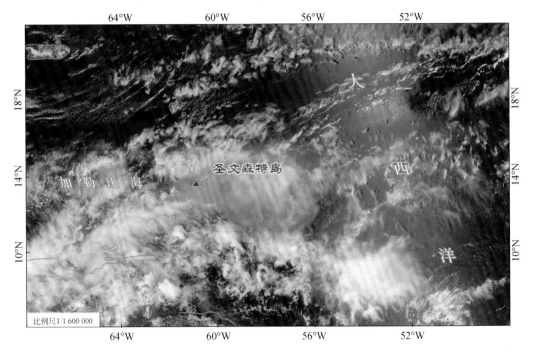

图 5.4　气象卫星（FY-3D）加勒比海圣文森特岛火山灰云监测图（2021 年 4 月 11 日 00:45，北京时）
Figure 5.4　Ash clouds from Soufrière St.Vincent Volcano in the Caribbean Sea as monitored by FY-3D at 00:45, April 11, 2021（Beijing Time）

5.3　大气成分

5.3.1　气溶胶

气溶胶通过散射和吸收辐射直接影响气候变化，也可通过在云形成过程中扮演凝结核或改变云的光学性质和生存时间而间接影响气候。气溶胶光学厚度（Aerosol Optical Depth，AOD），是用来表征气溶胶对光的衰减作用的重要监测指标，通常光学厚度越大，代表大气中气溶胶含量越高（Che et al., 2015，2019）。2004 ～ 2021 年，中国气溶胶光学厚度总体呈下降趋势，且阶段性变化特征明显。2004 ～ 2014 年，北京上甸子、浙江临安和黑龙江龙凤山区域大气本底站气溶胶光学厚度年平均值波动增加；2014 ～ 2021 年，均呈波动降低趋势（图 5.5）。2021 年，北京上甸子区域大气本底站和浙江临安区域大气本底站可见光波段（中心波长 440 nm）气溶胶光学厚度平均值分别为 0.34 ± 0.33 和 0.41 ± 0.23，较 2020 年均有小幅降低；黑龙江龙凤山区域大气本底站气溶胶光学厚度平均值为 0.30 ± 0.24，较 2020 年略有升高。

选取湖北金沙、云南香格里拉和新疆阿克达拉区域大气本底站，分析近 15 年来大气细颗粒物 $PM_{2.5}$ 平均浓度的变化趋势。监测表明，2006 ～ 2021 年，湖北金沙区域大气本底站 $PM_{2.5}$ 年平均质量浓度呈显著下降趋势，且阶段性变化特征明显［图 5.6（a）］；2006 ～ 2008 年呈下降趋势，随后呈上升趋势并于 2013 年达到峰值（45.2 ± 27.1 μg/m^3），2014 年以来呈波动下降趋势。2021 年，湖北金沙区域大气本底站 $PM_{2.5}$ 年平均质量浓度为 27.1 ± 14.2 μg/m^3，较 2020 年略有上升。

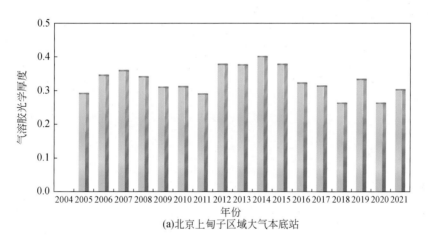

(a)北京上甸子区域大气本底站

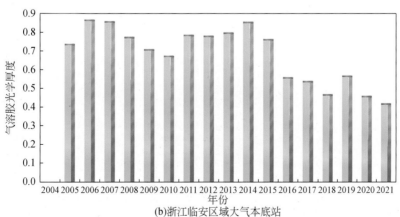

(b)浙江临安区域大气本底站

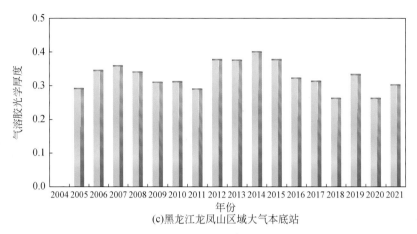

(c)黑龙江龙凤山区域大气本底站

图 5.5　2004～2021 年北京上甸子、浙江临安和黑龙江龙凤山区域大气本底站观测到的
气溶胶光学厚度年平均值变化

Figure 5.5　Changing annual mean Aerosol Optical Depth observed at (a) Shangdianzi, (b) Lin'an and

(c) Longfengshan atmospheric background stations from 2004 to 2021

2006～2021 年，云南香格里拉区域大气本底站 $PM_{2.5}$ 年平均质量浓度呈弱的下降趋势［图 5.6（b）］。2006～2010 年，$PM_{2.5}$ 年平均质量浓度在波动中下降；2011～2013 年逐年上升，于 2013 年达到近 15 年最大值（7.1±4.2 μg/m³），随后总体呈下降趋势。2021 年，云南香格里拉区域大气本底站 $PM_{2.5}$ 平均质量浓度为 5.5±4.9 μg/m³。

2006～2021 年，新疆阿克达拉区域大气本底站 $PM_{2.5}$ 年平均质量浓度呈弱的增加趋势［图 5.6（c）］，2011 年平均质量浓度为近 15 年最低（6.7±1.9 μg/m³），2015 年达到最高值（13.7±6.6 μg/m³）。2021 年，新疆阿克达拉区域大气本底站 $PM_{2.5}$ 平均质量浓度为 10.2±3.6 μg/m³，较 2020 年下降 2.6 μg/m³。

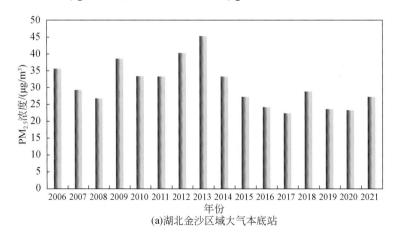

(a)湖北金沙区域大气本底站

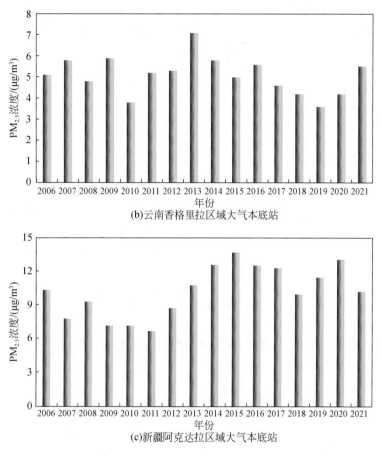

图 5.6　2006 ～ 2021 年湖北金沙、云南香格里拉和新疆阿克达拉区域大气本底站 PM$_{2.5}$ 年平均浓度变化

Figure 5.6　Changing annual mean PM$_{2.5}$ concentrations observed at (a) Jinsha, (b) Shangri-la and (c) Akedala atmospheric background stations from 2006 to 2021

5.3.2　臭氧

(1) 臭氧总量

20 世纪 70 年代中后期全球臭氧总量开始逐渐降低，到 1992 ～ 1993 年因菲律宾皮纳图博火山（Pinatubo Volcano）爆发而降至最低点。青海瓦里关全球大气本底站和黑龙江龙凤山区域大气本底站观测结果显示，1991 年以来臭氧总量季节波动明显，但年平均值无明显增减趋势（图 5.7）。2021 年，瓦里关全球大气本底站和黑龙江龙凤山区域大气本底站臭氧总量平均值分别为 297±21 陶普生（DU）[①]和 357±51 DU。

---

① 1DU=10^{-5} m/m^2，表示标准状态下每平方米面积上有 0.01 mm 厚臭氧。

与 2020 年臭氧总量平均值相比，2021 年瓦里关全球大气本底站增加 5 DU，与 2018
年平均值（296±28 DU）接近；而 2021 年黑龙江龙凤山区域大气本底站臭氧总量较
2020 年增加了 8 DU，与 2019 年平均值（357±54 DU）接近，体现了平流层臭氧准
两年振荡的特征（季崇萍等，2001），但臭氧总量变化范围小于 2019 年。2020 年北
极春季平流层臭氧损耗及其影响向南延伸是 2020 年臭氧年平均值下降的一个重要的
因素（Manney et al.，2020），2021 年没有极地春季平流层臭氧损耗，臭氧总量恢复
至 2019 年的水平。

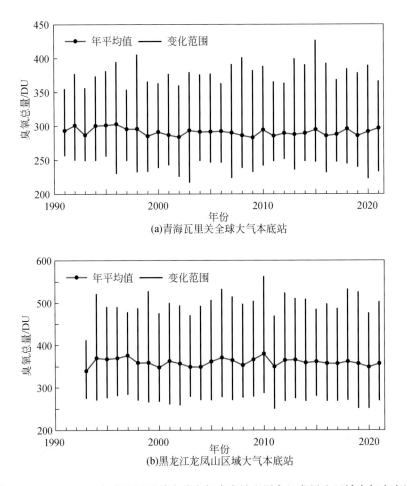

图 5.7　1991～2021 年青海瓦里关全球大气本底站和黑龙江龙凤山区域大气本底站
观测到的臭氧总量变化

圆心实线为年平均值的变化，灰色竖线表示臭氧总量值的范围

Figure 5.7　Changing annual total ozone observed at (a) Waliguan and (b) Longfengshan atmospheric
background stations from 1991 to 2021

The red solid lines represent annual mean values, and the grey vertical lines the total ozone range

(2) 地面臭氧

对流层臭氧占大气柱臭氧总量的十分之一，其对大气氧化性、植被与人类健康影响明显。青海瓦里关全球大气本底站长序列的地面臭氧连续观测显示（图 5.8），1995 ～ 2021 年，青海瓦里关全球大气本底站地面臭氧年平均浓度呈上升趋势；2021年，青海瓦里关全球大气本底站臭氧平均浓度为 50.7 ± 8.7 ppb[①]。2004 ～ 2021 年，北京上甸子区域大气本底站地面臭氧年平均浓度亦呈上升趋势；2021 年，北京上甸子区域大气本底站臭氧平均浓度为 33.1 ± 10.3 ppb。2006 ～ 2021 年，浙江临安区域大气本底站地面臭氧年平均浓度呈弱的下降趋势，且其浓度水平总体低于青海瓦里关全球大气本底站和北京上甸子区域大气本底站；2021 年，浙江临安区域大气本底站地面臭氧平均浓度为 34.6 ± 7.7 ppb。青海瓦里关全球大气本底站地面臭氧年平均浓度水平高于其他本底站，主要受平流层高浓度向下输送以及南亚污染气团传输影响（Xu et al.，2018b）。

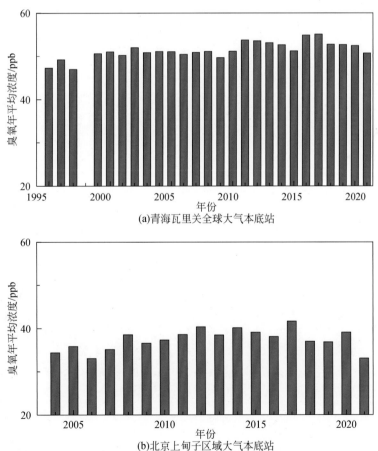

(a)青海瓦里关全球大气本底站

(b)北京上甸子区域大气本底站

---

① ppb，干空气中每十亿（10^9）个气体分子中所含的该种气体分子数。

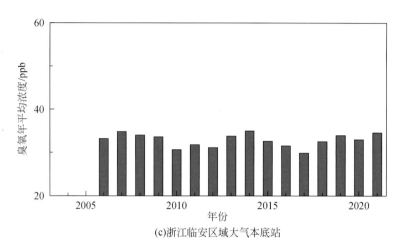

(c)浙江临安区域大气本底站

图 5.8　1995～2021 年青海瓦里关全球大气本底站、北京上甸子区域大气本底站和
浙江临安区域大气本底站观测到地面臭氧年平均浓度变化

Figure 5.8　Changing annual mean surface ozone concentrations observed at (a) Waliguan, (b) Shangdianzi
and (c) Lin'an atmospheric background stations from 1995 to 2021

参 考 文 献

陈思蓉, 朱伟军, 周兵. 2009. 中国雷暴气候分布特征及变化趋势. 大气科学学报, 32(5): 703-710.

陈哲, 杨溯. 2014. 1979—2012 年中国探空温度资料中非均一性问题的检验与分析. 气象学报, 72(4): 794-804.

程国栋, 赵林, 李韧, 等. 2019. 青藏高原多年冻土特征、变化及影响. 科学通报, 64: 2783-2795.

丁一汇. 2013. 中国气候. 北京: 科学出版社.

杜文涛, 秦翔, 刘宇硕, 等. 2008. 1958—2005 年祁连山老虎沟 12 号冰川变化特征研究. 冰川冻土, 30(3): 373-379.

段春锋, 田红, 黄勇, 等. 2020. 淮河流域稻麦轮作农田生态系统 CO_2 通量多时间尺度变化特征. 气象科技进展, 10(5): 138-145.

龚道溢, 何学兆. 2002. 西太平洋副热带高压的年代际变化及其气候影响. 地理学报, 57(2): 185-193.

郭艳君, 王国复. 2019. 近 60 年中国探空观测气温变化趋势及不确定性研究. 气象学报, 77(6): 1073-1085.

胡景高, 周兵, 徐海明. 2013. 近 30 年江淮地区梅雨期降水的空间多型态特征. 应用气象学报, 24(5): 554-564.

黄晖, 陈竹, 黄林韬. 2021. 中国珊瑚礁状况报告（2010—2019）. 北京: 海洋出版社.

季崇萍, 邹捍, 周立波. 2001. 青藏高原臭氧的准两年振荡. 气候与环境研究, 6(4): 416-424.

贾明明, 王宗明, 毛德华, 等. 2021. 面向可持续发展目标的中国红树林近 50 年变化分析. 科学通报, 66(30): 3886-3901.

金章东, 张飞, 王红丽, 等. 2013. 2005 年以来青海湖水位持续回升的原因分析. 地球环境学报, 4(5): 1355-1363.

李林, 时兴合, 申红艳, 等. 2011. 1960-2009 年青海湖水位波动的气候成因探讨及其未来趋势预测. 自然资源学报, 26(9): 1566-1575.

李双林, 王彦明, 郜永祺. 2009. 北大西洋年代际振荡（AMO）气候影响的研究评述. 大气科学学报, 32(3): 458-465.

李忠勤, 等. 2019. 山地冰川物质平衡和动力过程模拟. 北京: 科学出版社.

廖宝文, 张乔民. 2014. 中国红树林的分布、面积和树种组成. 湿地科学, 12(4): 435-440.

林鹏. 1997. 中国红树林生态系统. 北京: 科学出版社.

刘良云. 2014. 植被定量遥感原理与应用. 北京: 科学出版社.

刘芸芸, 丁一汇. 2020. 2020 年超强梅雨特征及其成因分析. 气象, 46(11): 1393-1404.

刘芸芸, 李维京, 左金清, 等. 2014. CMIP5 模式对西太平洋副热带高压的模拟和预估. 气象学报, 72(2): 277-290.

潘蔚娟, 吴晓绚, 何健, 等. 2021. 基于均一化资料的广州近百年气温变化特征研究. 气候变化研究进展, 17(4): 444-454.

秦大河, 丁永建. 2022. 中国气候与生态环境演变：2021（综合卷）. 北京：科学出版社.

秦翔, 崔晓庆, 杜文涛, 等. 2014. 祁连山老虎沟冰芯记录的高山区大气降水变化. 地理学报, 69(5): 681-689.

全国气候与气候变化标准化技术委员会. 2017. 厄尔尼诺/拉尼娜事件判别方法：GB/T 33666—2017. 北京：中国标准出版社.

邵佳丽, 郑伟, 刘诚. 2015. 卫星遥感洞庭湖主汛期水体时空变化特征及影响因子分析. 长江流域资源与环境, 24(8): 1315-1321.

施能, 朱乾根, 吴彬贵. 1996. 近40年东亚夏季风及我国夏季大尺度天气气候异常. 大气科学, 20(5): 575-583.

唐国利, 任国玉. 2005. 近百年中国地表气温变化趋势的再分析. 气候与环境研究, 10(4): 791-798.

杨萍, 张海峰, 曹生奎. 2013. 青海湖水位下降的生态环境效应. 青海师范大学学报（自然科学版）, 35（3）: 62-65.

杨修群, 朱益民, 谢倩, 等. 2004. 太平洋年代际振荡的研究进展. 大气科学, 28 (6): 979-992.

战云健, 陈东辉, 廖捷, 等. 2022. 中国60城市站1901—2019年日降水数据集的构建. 气候变化研究进展. https://kns. cnki. net/kcms/detail/11. 5368. p. 20220426. 1200. 002. html [2022-05-19].

张健, 何晓波, 叶柏生, 等. 2013. 近期小冬克玛底冰川物质平衡变化及其影响因素分析. 冰川冻土, 35(2): 263-271.

张廷军, 车涛. 2019. 北半球积雪及其变化. 北京：科学出版社.

中国科学院兰州冰川冻土研究所. 1988. 中国冰川概论. 北京：科学出版社.

朱立平, 鞠建廷, 乔宝晋, 等. 2019. "亚洲水塔"的近期湖泊变化及气候响应：进展、问题与展望. 科学通报, 64(27): 2796-2806.

朱艳峰. 2008. 一个适用于描述中国大陆冬季气温变化的东亚冬季风指数. 气象学报, 66(5): 781-788.

Abraham J P, Baringer M, Bindoff N L, et al. 2013. A review of global ocean temperature observations: implications for ocean heat content estimates and climate change. Reviews of Geophysics, 51(3): 450-483.

Bjerknes J. 1964. Atlantic air-sea interaction. Advances in Geophysics, 10: 1-82.

Che H Z, Xia X G, Zhao H J, et al. 2019. Spatial distribution of aerosol microphysical and optical properties and direct radiative effect from the China Aerosol Remote Sensing Network. Atmospheric Chemistry and Physics, 19(18): 11843-11864.

Che H Z, Zhang X Y, Xia X G, et al. 2015. Ground-based aerosol climatology of China: aerosol optical depths from the China Aerosol Remote Sensing Network (CARSNET) 2002–2013. Atmospheric Chemistry and Physics, 15(13): 7619-7652.

Chen Y L, Mo W H, Mo J F, et al. 2021. Changes in vegetation and assessment of meteorological conditions in ecologically fragile karst areas. Journal of Meteorological Research, 35(1): 172-183.

Cheng L, Abraham J, Hausfather Z, et al. 2019. How fast are the oceans warming?. Science, 363(6423) : 128-129.

Cheng L, Abraham J, Trenberth K, et al. 2022. Another record: ocean warming continues through 2021 despite La Niña conditions. Advances in Atmospheric Sciences, 39(3): 373-385.

Cheng L, Trenberth K, Fasullo J, et al. 2017. Improved estimates of ocean heat content from 1960-2015.

Science Advances, 3(3): e1601545.

Cheng L, Trenberth K, Gruber N, et al. 2020. Improved estimates of changes in upper ocean salinity and the hydrological cycle. Journal of Climate, 33(23): 10357-10381.

Clette F, Lefèvre L. 2016. The new sunspot number: assembling all correction. Solar Physics, 291: 2629-2651.

Dai J H, Wang H J, Ge Q S. 2014. The spatial pattern of leaf phenology and its response to climate change in China. International Journal of Biometeorology, 58(4): 521-528.

Demarée G R, Rutishauser T. 2011. From "periodical observations" to "anthochronology" and "phenology"—the scientific debate between Adolphe Quetelet and Charles Morren on the origin of the word "phenology". International Journal of Biometeorology, 55(6): 753-761.

Durack P J. 2015. Ocean salinity and the global water cycle. Oceanography, 28: 20-31.

Fox-Kemper B, Hewitt H T, Xiao C, et al. 2021. Ocean, cryosphere and sea level change//Masson-Delmotte V, Zhai P, Pirani A. Climate Change 2021: the Physical Science Basis. Contribution of Working Group I to the Sixth Assessment Report of the Intergovernmental Panel on Climate Change. Cambridge: Cambridge University Press: 1211-1362.

Ge Q S, Wang H J, Rutishauser T, et al. 2015. Phenological response to climate change in China: a meta-analysis. Global Change Biology, 21(1): 265-274.

Global Volcanism Program. 2021. Report on Soufrière St. Vincent (Saint Vincent and the Grenadines) // Bennis K L, Venzke E. Bulletin of the Global Volcanism Network, 46: 5. Smithsonian Institution. https: // volcano. si. edu/showreport.cfm?doi=10. 5479/si. GVP. BGVN202105-360150[2022-03-30].

Guo Y J, Weng F Z, Wang G F, et al. 2020. The long-term trend of upper-air temperature in China derived from microwave sounding data and its comparison with radiosonde observations. Journal of Climate, 33(18): 7875-7895.

Held I M, Soden B J. 2006. Robust responses of the hydrological cycle to global warming. Journal of Climate, 19: 5686-5699.

IPCC. 2019. Summary for policymakers // Pörtner H O, Roberts D C, Masson-Delmotte V, et al. IPCC special report on the ocean and cryosphere in a changing climate. https: //www. ipcc. ch/srocc/chapter/summary-for-policymakers/[2022-03-30].

Li G, Cheng L, Zhu J, et al. 2020. Increasing ocean stratification over the past half century. Nature Climate Change, 10: 1116-1123.

Liu J D, Linderholm H, Chen D L, et al. 2015. Changes in the relationship between solar radiation and sunshine duration in large cities of China. Energy, 82 : 589-600.

Manney G L, Livesey N J, Santee M L, et al. 2020. Record-low Arctic stratospheric ozone in 2020: MLS observations of chemical processes and comparisons with previous extreme winters. Geophysical Research Letters, 47: e2020GL089063.

Mantua N J, Hare S R, Zhang Y, et al. 1997. A Pacific interdecadal climate oscillation with impacts on salmon production. Bulletin of the American Meteorological Society, 78: 1069-1079.

Meredith M, Sommerkorn M, Cassotta S, et al. 2019. Polar regions// Pörtner H-O, Roberts D C, Masson-

Delmotte V, et al. IPCC Special Report on the Ocean and Cryosphere in a Changing Climate. Cambridge: Cambridge University Press: 203-320.

Meyssignac B, Boyer T, Zhao Z, et al. 2019. Measuring global ocean heat content to estimate the earth energy imbalance. Frontiers in Marine Science, 6: 432.

Mo S, Chen T, Chen Z, et al. 2022. Marine heatwaves impair the thermal refugia potential of marginal reefs in the northern South China Sea. Science of The Total Environment, 825: 154100.

Rayner N A, Parker D E, Horton E B, et al. 2003. Global analyses of sea surface temperature, sea ice, and night marine air temperature since the late nineteenth century. Journal of Geophysical Research, 108(D14): 4407.

Rhein M, Rintoul S R, Aoki S, et al. 2013. Observations: Ocean// Stocker T F, Qin D, Plattner G-K, et al. Climate Change 2013: The Physical Science Basis. Contribution of Working Group Ⅰ to the Fifth Assessment Report of the Intergovernmental Panel on Climate Change. Cambridge: Cambridge University Press: 255-316.

Saji N H, Goswami B N, Vinayachandran P N, et al. 1999. A dipole mode in the tropical Indian Ocean. Nature, 401(6751): 360-363.

Schwartz M D. 2013. Introduction // Schwartz M D. Phenology: An Integrative Environmental Science. Dordrecht: Springer: 1-5.

Shi Y, Xia Y F, Lu, B H, et al. 2014. Emission inventory and trends of NO_x for China, 2000–2020. Journal of Zhejiang University-SCIENCE A, 15(6): 454-464.

Shirving W, Marsh B, De La Cour J, et al. 2020. Coral Temp and the coral reef watch coral bleaching heat stress product suite version 3. 1. Remote Sensing, 12(23) : 3856.

Tan H J, Cai R S, Wu R G. 2022. Summer marine heatwaves in the South China Sea: trend, variability and possible causes. Advance in Climate Change Research, 13(3): 323-332.

Thompson D W J, Wallace J M. 1998. The Arctic Oscillation signature in the wintertime geopotential height and temperature fields. Geophysical Research Letters, 25(9): 1297-1300.

Wang Y J, Hu Z Z, Yan F. 2017. Spatiotemporal variations of differences between surface air and ground temperatures in China. Journal of Geophysical Research-Atmospheres, 122(15): 7990-7999.

Wang Y J, Song L C, Ye D X, et al. 2018. Construction and application of a climate risk index for China. Journal of Meteorological Research, 32(6): 937-949.

Webster P J, Moore A M, Loschnigg J P, et al. 1999. Coupled ocean-atmosphere dynamics in the Indian Ocean during 1997-98. Nature, 401: 356-360.

Webster P J, Yang S. 1992. Monsoon and ENSO: Selectively interactive systems. Quarterly Journal of the Ro yal Meteorological Society, 118: 877-926.

WMO. 2022. State of the Global Climate 2021 (WMO-No. 1290). https: //library. wmo. int/index. php?lvl=notice_display&id=22080#. YopD4vldsVs[2022-05-19] .

Xu C H, Li Z Q, Li H L, et al. 2019. Long-range terrestrial laser scanning measurements of annual and intra-annual mass balances for Urumqi Glacier No. 1, eastern Tien Shan, China. The Cryosphere, 13(9): 2361-2383.

Xu W H, Li Q X, Jones P, et al. 2018a. A new integrated and homogenized global monthly land surface air temperature dataset for the period since 1900. Climate Dynamics, 50: 2513-2536.

Xu W, Xu X, Lin M, et al. 2018b. Long-term trends of surface ozone and its influencing factors at the Mt Waliguan GAW station, China – Part 2: the roles of anthropogenic emissions and climate variability. Atmospheric Chemistry and Physics, 18: 773-798.

Zemp M, Huss M, Thibert E, et al. 2019. Global glacier mass changes and their contributions to sea-level rise from 1961 to 2016. Nature, 568: 382-386.

Zhang Y, Wallace J M, Battisti D S. 1997. ENSO-like interdecadal variability: 1900-93. Journal of Climate, 10: 1004-1020.

附录 I   中国极端气候事件变化预估

极端气温变化

CMIP6（国际耦合模式比较计划第六阶段）多个全球气候模式对未来不同社会经济路径下（SSP1-2.6、SSP2-4.5 和 SSP5-8.5，以下简称情景）中国极端气候事件变化的预估结果表明：在未来变暖背景下，中国极端暖事件将进一步增多，极端冷事件将进一步减少。与 1995 ~ 2014 年相比，预估 2041 ~ 2060 年中国年平均极端高温[①]（TXx）和极端低温[②]（TNn）将升高 2℃左右。到 21 世纪末，在 SSP2-4.5 情景下，中国平均年极端高温和极端低温分别升高 2.9 ± 1.0℃和 3.2 ± 1.2℃（附图 1.1）；其中，中国大部地区年平均极端高温都将升高 2.5℃以上，新疆北部和西南部、青藏高原西北部、黄河中下游至长江中下游地区增温幅度较为明显，升温幅度在 3.0 ~ 3.5℃；东北地区、西北地区中西部和青藏高原中西部年平均极端低温上升明显，东北地区北部和青藏高原西部部分地区增温幅度可能达 4.0℃以上（附图 1.2）。

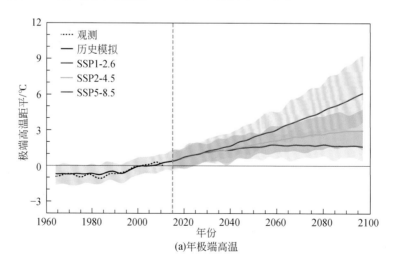

(a)年极端高温

---

①极端高温：每年日最高气温的最大值，表示极端高温。
②极端低温：每年日最低气温的最小值，表示极端低温。

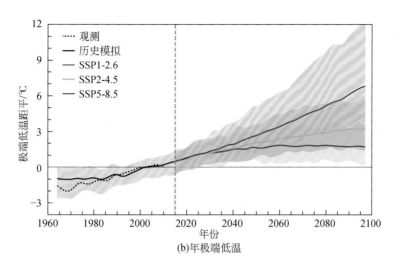

(b)年极端低温

附图 1.1　CMIP6 多模式模拟的中国平均年极端高温和极端低温变化

（相对于 1995～2014 年平均值）

Annexed Figure 1.1　Changing of (a) annual maxima of daily maximum temperature (TXx) and (b) minima

of daily minimum temperature (TNn) averaged in China as simulated by CMIP6 GCMs

(relative to 1995-2014 average)

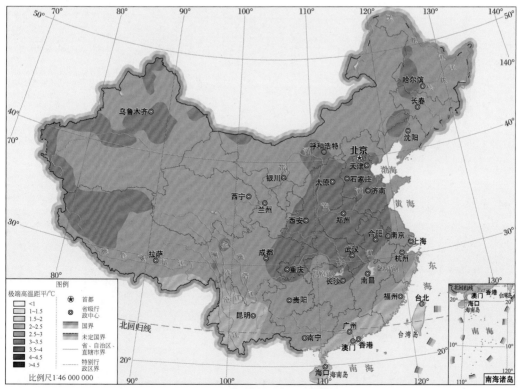

(a)年极端高温

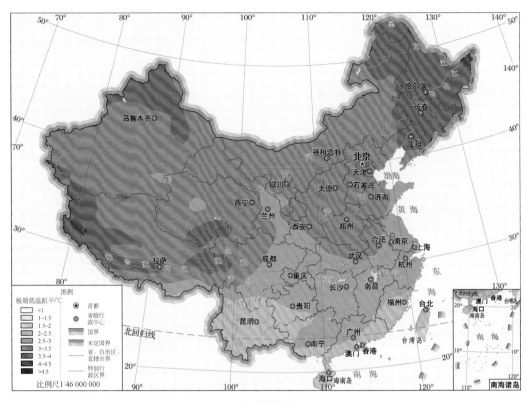

(b)年极端低温

附图 1.2　CMIP6 多模式模拟的 SSP2-4.5 情景下 21 世纪末期（2081 ～ 2100 年）中国年极端高温和
极端低温变化分布（相对于 1995 ～ 2014 年平均值）

Annexed Figure 1.2　Spatial patterns of (a) annual maxima of daily maximum temperature (TXx) and (b)
minima of daily minimum temperature (TNn) in China at the end of the 21st century (2081-2100) under
SSP2-4.5 scenario as simulated by CMIP6 GCMs (relative to 1995-2014 average)

极端降水变化

与 1995 ～ 2014 年相比，未来中国平均年极端降水量[①]（R95p）和年总降水量[②]
（PRCPTOT）在不同情景均呈增加趋势（附图 1.3）。预估到 21 世纪末，在 SSP2-4.5

---

①年极端降水量：每年大于基准期内 95% 分位值的日降水量的总和，表示强降水量。
②年总降水量：每年大于等于 1mm 的日降水量的总和，表示湿日的总降水量。

情景下，中国平均年极端降水量将增加 72 ± 39 mm，年总降水量将增加 12% ± 6%。未来中国大部分地区年极端降水量均将增加，长江流域及其以南地区增加最为明显；年总降水量变化与年极端降水量变化类似，长江流域及其以南大部地区将增加 150 mm 以上，西北地区年总降水量变化不明显（附图 1.4）。

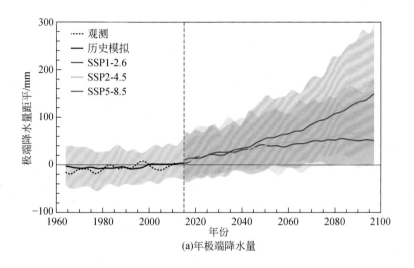

(a)年极端降水量

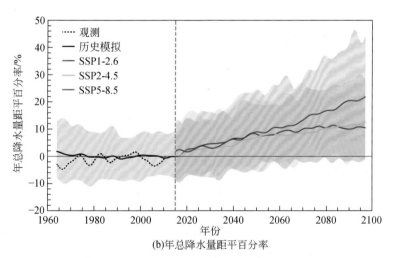

(b)年总降水量距平百分率

附图 1.3　CMIP6 多模式模拟的中国平均年极端降水量和年总降水量距平百分率变化
（相对于 1995 ～ 2014 年平均值）

Annexed Figure 1. 3　Changing of (a) annual total extreme precipitation (R95p) and (b) anomaly by percentages of annual total precipitation (PRCPTOT) averaged in China as simulated by CMIP6 GCMs
(relative to 1995-2014 average)

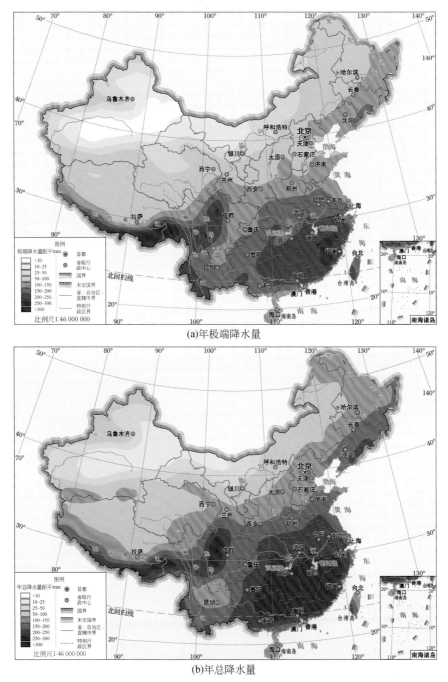

(a)年极端降水量

(b)年总降水量

附图1.4　CMIP6多模式模拟的SSP2-4.5情景下21世纪末期（2081～2100年）中国年极端降水量
和年总降水量变化分布（相对于1995～2014年平均值）

Annexed Figure 1.4　Spatial patterns of (a) annual total extreme precipitation (R95p) and (b) total
precipitation (PRCPTOT) in China as simulated by CMIP6 GCMs at the end of the 21st century (2081-2100)
under SSP2-4.5 scenario (relative to 1995-2014 average)

附录 Ⅱ 数据来源和其他背景信息

本报告中所用资料来源

英国气象局哈德利中心（全球海表温度）：www.metoffice.gov.uk

中国科学院大气物理研究所（全球海洋热含量、盐度）：www.iap.ac.cn

国家海洋信息中心（海平面）：www.nmdis.org.cn

中国香港天文台（香港气温、降水量，维多利亚港验潮站海平面高度）：www.weather.gov.hk

中国科学院冰冻圈科学国家重点实验室（冰川、多年冻土）：www.sklcs.ac.cn

世界冰川监测服务处（全球参照冰川物质平衡）：www.wgms.ch

美国国家冰雪数据中心（南、北极海冰范围）：nsidc.org

中国物候观测网（植物物候）：www.cpon.ac.cn

青海省水利厅（青海湖水位）：slt.qinghai.gov.cn

比利时皇家天文台（太阳黑子相对数）：www.astro.oma.be

中国科学院东北地理与农业生态研究所（红树林面积）：www.neigae.ac.cn

美国国家海洋与大气管理局（海表温度）：www.noaa.gov

本报告中所用其余数据均源自中国气象局，其中气温、相对湿度、风速、日照时数和地表温度使用均一化数据集。

主要贡献单位

国家气候中心、国家卫星气象中心、国家气象信息中心、中国气象局气象探测中心、中国气象局公共气象服务中心、中国气象科学研究院，北京市气象局、辽宁省气象局、黑龙江省气象局、上海市气象局、安徽省气象局、湖北省气象局、广东省气象局、广西壮族自治区气象局、西藏自治区气象局、甘肃省气象局、青海省气象局、香港天文台，中国科学院冰冻圈科学国家重点实验室、中国科学院大气物理研究所、中国科学院地理科学与资源研究所、中国科学院东北地理与农业生态研究所、中国科学院南海海洋研究所，自然资源部国家海洋信息中心等。

附录Ⅲ 术 语 表

冰川物质平衡：物质平衡是指单位时间内冰川上以固态降水形式为主的物质收入（积累）与以冰川消融为主的物质支出（消融）的代数和。该值为负时，表明冰川物质发生亏损；反之则冰川物质发生盈余。

常年值：在本报告中，"常年值"是指 1981～2010 年气候基准期的常年平均值。凡是使用其他平均期的值，则用"平均值"一词。

地表水资源量：某特定区域在一定时段内由降水产生的地表径流总量，其主要动态组成为河川径流总量。

地表温度：指某一段时间内，陆地表面与空气交界处的温度。

多年冻土退化：在一个时段内（至少数年）多年冻土持续处于下列任何一种或者多种状态：多年冻土温度升高、活动层厚度增加、面积缩小。

二氧化碳通量：单位时间内通过单位面积的二氧化碳的量（质量或者物质的量）。

海洋热含量：是指一定体积海水的热能的变化，其由水体温度、密度和比热容三者乘积的体积积分计算。

活动层厚度：多年冻土区年最大融化深度，在北半球一般出现在 8 月底至 9 月中，厚度在数十厘米至数米之间。

活动积温：是指植物在整个年生长期中高于生物学最低温度之和，即大于某一临界温度值的日平均气温的总和。

积雪覆盖率：监测区域内的积雪面积与区域总面积的比值。

季节最大冻结深度：在季节冻土区，冷季地表土层温度低于冻结温度后，土壤中的水分冻结成冰，从地面到冻结线之间的垂直距离称为冻结深度。最大冻结深度是标准气象观测场内的冻结深度的最大值。

径流深：在某一时段内通过河流上指定断面的径流总量（以 m^3 计）除以该断面以上的流域面积（以 m^2 计）所得的值，其相当于该时段内平均分布于该面积上的水深（以 mm 计）。

径流总量：在一定的时间里通过河流某一断面的总水量，单位是 m^3 或 $10^8\ m^3$。

冷夜日数：指日最低气温小于 10% 分位值的日数。

陆地表面平均气温：指某一段时间内，陆地表面气象观测规定高度（1.5 m）上的空气温度值的面积加权平均值。

年累计暴雨站日数：指一定区域范围内，各站点一年中达到暴雨量级的降水日数的逐站累计值。

年平均降水日数：指一定空间范围内，各站点一年中降水量大于等于 0.1 mm 日数的平均值。

年总辐射量：指地表一年中所接受到的太阳直接辐射和散射辐射之和。

暖昼日数：指日最高气温大于 90% 分位值的日数。

平均年降水量：指一定区域范围内，一年降水量总和（mm）的面积加权平均值。

气溶胶光学厚度：定义为大气气溶胶消光系数在垂直方向上的积分，主要用来描述气溶胶对光的衰减作用，光学厚度越大，代表大气中气溶胶含量越高。

全球地表平均温度：是指与人类生活的生物圈关系密切的地球表面的平均温度，通常是基于按面积加权的海表温度（SST）和陆地表面 1.5m 处的气温的全球平均值。

石漠化：是指在湿润、半湿润气候条件和岩溶极其发育的自然背景下，受人为活动干扰，使地表植被遭受破坏、土壤严重流失，基岩大面积裸露或砾石堆积的土地退化现象。

酸雨：pH 小于 5.60 的大气降水，大气降水的形式包括雨、雪、雹等。

酸雨频率：某段时间（年，或季，或月）内日降水 pH 小于 5.60 的出现频率（%）。

太阳黑子相对数：表示太阳黑子活动程度的一种指数，是瑞士苏黎世天文台的 J.R. 沃尔夫在 1849 年提出的，因而又称沃尔夫黑子数。

物候：是指自然界的生物（主要指植物和动物）在不同季节受到气候影响出现的各种不同的生命现象，如植物的展叶、开花、结实和落叶，动物界候鸟的迁徙等都是物候。

盐度差指数：指高盐度海域的盐度变化和低盐度海域的盐度变化之差，"高"或"低"是相对于过去几十年的全球海洋平均盐度。

植被指数：对卫星不同波段进行线性或非线性组合以反映植物生长状况的量化信息，本报告使用归一化植被指数。

中国气候风险指数：基于历史气候资料和极端天气气候事件致灾阈值，计算雨涝、干旱、台风、高温和低温冰冻 5 种气象灾害风险，结合社会经济数据和多年各灾种造成的损失，对 5 种气象灾害风险进行综合定量化评价的指数。